■ 中国高技能人才楷模对本书读者的殷切寄语 ■

高凤林

- 中国航天科技集团公司第一研究院特种熔融焊接特级技师，全国十大能工巧匠，中华技能大奖获得者，中国高技能人才楷模。

  寄语：祖国的发展，时代的重托，现代新型工业国家的建设，都要用我们的双手去描绘和创造。期望同学们认真学习，努力实践。坚定信心，完善心智。国家的未来将在你们手中变得更加繁荣昌盛！

- 青岛港前湾集装箱公司电动装卸机械公司技师，电动装卸机械修理高级技师，全国劳动模范，全国五一劳动奖章、中华技能大奖获得者，中国高技能人才楷模。

  寄语：希望同学们勤于学习，善于思考，以致力于祖国的强盛为奋斗目标，以劳动最光荣为自豪，勇于实践，甘于奉献，勇攀高峰！

许振超

李　斌

- 上海电气液压气动有限公司加工中心操作高级技师，全国劳动模范，全国五一劳动奖章、中华技能大奖获得者，中国高技能人才楷模。

  寄语：从书本中学习人类文明的成果，从实践中提高我们的创新能力。希望你们今后成为各行各业优秀的高技能人才！

- 中国航空工业第一集团公司空空导弹研究院加工中心操作高级技师，中华技能大奖获得者，中国高技能人才楷模。

  寄语：知识改变命运，岗位成就事业。愿你们快乐生活、快乐学习、快乐工作！

鲁宏勋

束滨霞

- 中国石油辽河油田公司采油高级技师，全国五一劳动奖章、中华技能大奖获得者，中国高技能人才楷模。

  寄语：勤奋学习，掌握技能，苦练技术，用技能铸就辉煌！

■ 中国高技能人才楷模对本书读者的殷切寄语 ■

罗东元

- 广东省韶关钢铁集团有限公司电工高级技师,全国劳动模范,中华技能大奖获得者,中国高技能人才楷模。

寄语:用"享受"的心态对待学习和工作。象完成艺术作品一样精雕细刻地干技术活。成功,往往就在于再坚持一下的努力之中。

罗东元

唐建平

- 中国航天科技集团公司第八研究院加工中心操作高级技师,全国劳动模范,全国五一劳动奖章、中华技能大奖获得者,中国高技能人才楷模。

寄语:让学习成为生活习惯,把学习作为终身需求,成功的未来属于勤奋而谦虚的年轻一代。

唐建平

栗俊平

- 山西焦煤集团公司采煤机维修高级技师,全国劳动模范,全国五一劳动奖章、中华技能大奖获得者,中国高技能人才楷模。

寄语:用你们的坚强为生命唱一首赞歌,用你们的洒脱开创人生的辉煌,用你们的奋进书写历史新篇章!

愿你们:树立远大目标,不断充实自我,勇攀知识和技能高峰,活出自己的精彩!

栗俊平

- 中国第一汽车集团公司铸造公司模具钳工高级技师,全国五一劳动奖章、中华技能大奖获得者,中国高技能人才楷模。

寄语:

挫折对于意志薄弱的人,恰似拦路猛虎;但对于意志坚强的人,那是走向成功的阶梯。
万丈高楼的筑成,集的是一砖一瓦的搭建;骄人业绩的取得,源于平时点点滴滴的积累。
一时的投机取巧,可以让你得到短暂的安逸;永远的求真务实,可以成就你一生的辉煌。

李凯军

"十四五"职业教育国家规划教材

典型焊接接头电弧焊实作

第 3 版

主　编　杨　跃　侯　勇
副主编　孙学杰　冉传海
参　编　姜泽东　吴叶军　杜　娟　张　翔　窦红强
主　审　高凤林（企业）
副主审　文仲波（企业）

机械工业出版社

本书根据高等职业教育对焊接技能的要求，依据行业主导、校企联合制定的《焊接制造岗位职业标准》，参考国际焊工培训标准和《国家职业标准》焊工等级考核标准，由机械行业校企专家共同编审。

本书除电弧焊基本知识外，焊接技能训练均采用项目教学形式。实作项目根据焊接接头实际生产过程和认知规律，按照平、立、横、仰四种空间位置，由浅入深、循序渐进地进行编排。在相关训练项目中采集编入了企业专家在多年实践中总结提炼出的焊接技能绝招和精粹，以帮助学生快速提高技能水平。本书还编入了大量的工程实践案例，以拓展学生的视野。本书编排有"榜样的故事"，将"中国高技能人才楷模""全国技术能手"等焊接高技能人才的业绩和人生感悟以故事的形式编入其中，以激发学生对焊接技术的学习热情，并从中感悟做人、做事的道理，增强趣味性和生动性，以期达到教书和育人的双重目的。

本书采用双色印刷，为便于读者学习领会技能，将实践操作技能制成视频，以二维码的形式插入正文中。本书可作为各类职业院校焊接专业的专业课教材，也可作为企业职工电弧焊技能培训教材。

本书配有电子课件，凡使用本书作为教材的教师，可登录机械工业出版社教育服务网（http://www.cmpedu.com）注册后免费下载。咨询电话：010-88379375。

图书在版编目（CIP）数据

典型焊接接头电弧焊实作 / 杨跃，侯勇主编. 3版. -- 北京：机械工业出版社，2024.9. --（"十四五"职业教育国家规划教材）. -- ISBN 978-7-111-76579-0

Ⅰ.TG441.2

中国国家版本馆 CIP 数据核字第 2024WS4782 号

机械工业出版社（北京市百万庄大街22号　邮政编码100037）
策划编辑：于奇慧　　　　　　责任编辑：于奇慧
责任校对：曹若菲　丁梦卓　　封面设计：张　静
责任印制：张　博
北京建宏印刷有限公司印刷
2025年2月第3版第1次印刷
184mm×260mm · 12.5印张 · 1插页 · 307千字
标准书号：ISBN 978-7-111-76579-0
定价：42.00元

电话服务　　　　　　　　　　　网络服务
客服电话：010-88361066　　　机　工　官　网：www.cmpbook.com
　　　　　010-88379833　　　机　工　官　博：weibo.com/cmp1952
　　　　　010-68326294　　　金　书　网：www.golden-book.com
封底无防伪标均为盗版　　机工教育服务网：www.cmpedu.com

卧薪尝胆学技术
——给同学们的一封信（代序）

亲爱的同学们：

在本教材的创意和编写过程中，我始终有一种强烈的冲动，想给同学们写点儿心里话。

传说历史上有这样一个故事：公元前500年左右，越王勾践在一次战争中被吴国打败。在吴王的威逼之下，勾践还到吴国官廷中服了三年的苦役，过着牛马不如的生活。勾践被释放回国以后，奋发图强，他睡觉躺在硬柴上，坐卧饮食都要尝一下苦胆，以激励自己和民众的勇气和斗志，最后越国打败了吴国，实现了强国之梦……后人蒲松龄为了自勉，将此写成对联并张贴于书房——聊斋中：有志者事竟成破釜沉舟百二秦关终属楚；苦心人天不负卧薪尝胆三千越甲可吞吴。

2006年9月，我有幸在人民大会堂结识了一批全国技术能手，其中就有本教材的主审——"中国十大高技能人才楷模"之一的高凤林。他是在"神五""神六"焊接工作中做出突出贡献的特级熔焊技师，曾攻克了近百项焊接技术难题！

两年多来，我一直在思考和研究高凤林等人成长的历程和内因，是什么原因使他们从一个普通工人成长为令人佩服、受人尊敬的国家栋梁？我的结论是：他们不仅练就了过硬的操作技能，还积淀了厚实的文化理论基础与专业知识，更可宝贵的是，他们在成长过程中培养起了强烈的社会责任感和爱岗敬业、刻苦钻研、锐意创新的精神！尤其重要的是，他们将自己人生价值的实现和奋斗目标与企业、国家和民族的利益紧密地结合了起来，所以才能淡泊名利、不畏艰辛而取得了骄人的成绩，谱写出了灿烂的人生华章！在实现强国之梦的征程中，他们不愧为"新时代卧薪尝胆的勾践"！

我们的理想，就是要通过高职教育，为国家培养一大批像高凤林等人一样的高素质、高技能人才！

本教材虽然是一本关于焊接技能实训的书，却得到了"中国十大高技能人才楷模"中九位健在者的大力支持。他们都用心为你们撰写了殷切的"寄语"（见彩插），字里行间所透露出的拳拳爱国之心和对高素质、高技能栋梁之材的强烈渴盼之情，令人感动！

本教材是众多院校教师和企业焊接技师经验的总结。书中既遵循了焊接技能训练的认知规律，又编入了"能工巧匠"们在多年工程实践和焊工培训中的"绝招、绝活"，此外，还插入了许多在焊接工程中卓有贡献的高技能人才成长的小故事，值得大家品味、博采、慎思与笃行……

需要提醒大家的是，掌握焊接操作技法只是做好焊接工作的必要前提。在工程实践中，我们还必须综合、灵活运用系统的基础理论和工艺技术知识，才能真正解决实际问题。这正是各种"技术精粹"和"绝招、绝活"产生的真谛，这也正是高凤林在技校毕业后，不仅自学了大学课程，还要攻读研究生的原因。由此可见，技能人才必须具备良好的理论和文化修养，才能做到高端，实现自己的可持续发展。

同学们，今天的中国，虽已是世界制造大国，但还远不是制造强国！我国的许多关键技术还受制于人。随着技术的进步、产品的升级换代，装备制造业正飞速发展，新产品、新材料、新技术、新工艺不断涌现，客观上对焊接技能人才的要求也越来越高。但是，只要我们卧薪尝胆、刻苦钻研，就一定能够在本领域建立功勋，就一定能够将"中国制造"改写为"中国创造"！

我坚信，终有一天，你们会登上焊接技术的高峰！

杨跃

前　言

本书是在"十四五"职业教育国家规划教材《典型焊接接头电弧焊实作》（第2版）的基础上修订的。本书经过前两版的多年教学使用，已经能较好地适应应用型本科、高等职业教育专科智能焊接技术专业的教学需求。本书第2版曾获首届全国教材建设奖职业教育与继续教育类全国优秀教材二等奖。

本书除电弧焊基本知识外，焊接技能训练均以项目教学形式安排。训练内容根据焊接接头实际生产过程和认知规律，按照平、立、横、仰四种空间位置，由浅入深、循序渐进地进行编排。为了便于学习者掌握，特别将重要知识点、实训项目配套了视频资源，学习者可以扫描二维码，在网上在线领悟与学习。相关训练项目中采集编入了企业专家在多年实践中总结提炼出的焊接技能绝招和精粹，以帮助学生快速提高技能水平。此外还编入了大量的工程实践案例，以拓展学生的视野。本书设有"榜样的故事"，将"中国高技能人才楷模""全国技术能手"等焊接高技能人才的业绩和人生感悟以故事的形式编入其中，以激发学生对焊接技术的学习热情，并从中感悟做人、做事的道理，增强趣味性和生动性，以期达到"教书"和"育人"的双重目的。

本书在第2版的基础上，主要从以下几个方面进行了修订：①重新编排了部分章节；②重要知识点及实训项目配套了视频微课资源；③增加了企业案例；④采用双色印刷。

本书共六章，由四川工程职业技术大学杨跃、侯勇任主编，四川工程职业技术大学孙学杰、冉传海任副主编。具体编写分工如下：第一章由四川工程职业技术大学孙学杰、张翔编写；第二章由四川工程职业技术大学侯勇、冉传海编写；第三章由常州工程职业技术学院吴叶军编写；第四章由常州工程职业技术学院姜泽东编写；第五章由四川工程职业技术大学窦红强编写；第六章由四川工程职业技术大学侯勇、杜娟编写。全书由杨跃、侯勇统稿，由中国高技能人才楷模、中国航天科技集团公司特级熔焊技师高凤林主审，东方电气集团东方汽轮机有限公司高级技师文仲波副主审。书中各"关键技术点拨"和"工程实践及应用案例"由高凤林负责修改、把关。

在编写过程中，编者参阅了同类教材、其他有关书籍和网络资料，并得到了参编学校和企业的大力支持，特别是得到了健在的九位"中国十大高技能人才楷模"的大力支持，他们特意为本书的青年读者写了饱含深情的寄语，在此一并致以深深的谢意！

由于编者水平有限，书中缺点和错误在所难免，恳请广大读者批评指正。

编　者

目　录

卧薪尝胆学技术——给同学们的一封信（代序）
前言

第一章　电弧焊基本知识 …………… 1

第一节　概述 ………………………… 1
第二节　焊接电弧基本知识 ………… 3
第三节　焊丝及母材熔化 …………… 9
第四节　焊机及焊接辅助工具 ……… 13
第五节　焊接接头与焊缝 …………… 19
第六节　常见焊接缺陷及其检验 …… 25
第七节　焊接安全和文明生产 ……… 31
榜样的故事 …………………………… 36

第二章　典型焊接接头焊条电弧焊实作 ………………………… 37

第一节　焊条电弧焊概述 …………… 37
第二节　焊条电弧焊基础训练项目 … 48
　项目一　板对接平焊实作 ………… 48
　项目二　板对接立焊实作 ………… 51
　项目三　板对接横焊实作 ………… 55
　项目四　板对接仰焊实作 ………… 58
第三节　焊条电弧焊拓展训练项目 … 60
　项目五　T形接头平角焊实作 …… 60
　项目六　T形接头立角焊实作 …… 63
　项目七　骑座式管板垂直俯位焊实作 … 65
　项目八　管对接垂直固定焊实作 … 68
　项目九　管对接水平固定焊实作 … 71
　项目十　管对接45°倾斜固定焊实作（向上焊）………………… 75
第四节　工程实践及应用案例 ……… 78
榜样的故事 …………………………… 80

第三章　典型焊接接头非熔化极气体保护焊实作 ……………… 82

第一节　非熔化极气体保护焊概述 … 82

第二节　手工钨极氩弧焊基础训练项目 …… 91
　项目一　板对接平焊实作 ………… 91
　项目二　板对接立焊实作 ………… 94
　项目三　板对接横焊实作 ………… 97
　项目四　板对接仰焊实作 ………… 100
第三节　手工钨极氩弧焊拓展训练项目 … 102
　项目五　骑座式管板垂直俯位焊实作 … 102
　项目六　管对接垂直固定焊实作 … 105
　项目七　管对接水平固定焊实作（向上焊）………………… 108
第四节　工程实践及应用案例 ……… 111
榜样的故事 …………………………… 113

第四章　典型焊接接头熔化极气体保护焊实作 ……………… 115

第一节　熔化极气体保护焊概述 …… 115
第二节　CO_2气体保护焊 …………… 117
第三节　半自动CO_2焊基础训练项目 … 123
　项目一　板对接平焊实作 ………… 123
　项目二　板对接立焊实作 ………… 126
　项目三　板对接横焊实作 ………… 130
　项目四　板对接仰焊实作 ………… 132
第四节　半自动CO_2焊拓展训练项目 … 135
　项目五　骑座式管板垂直俯位焊实作 … 135
　项目六　管对接水平固定焊实作 … 137
第五节　工程实践及应用案例 ……… 139
榜样的故事 …………………………… 140

第五章　典型焊接接头埋弧焊实作 …… 141

第一节　埋弧焊概述 ………………… 141
第二节　埋弧焊训练项目 …………… 145
　项目一　板对接水平双面焊实作 … 145
　项目二　T形接头平角焊实作 …… 148
　项目三　对接接头环缝埋弧焊实作 … 153
第三节　工程实践及应用案例 ……… 157
榜样的故事 …………………………… 159

目录

第六章　组合接头与返修焊接实作 …… 161

第一节　组合接头电弧焊实作…………… 161
第二节　焊缝返修实作………………… 163
第三节　工程实践及应用案例…………… 169
榜样的故事……………………………… 177

附录 ……………………………………… 179

附录A　焊缝分析表…………………… 179
附录B　装-焊工艺卡…………………… 180
附录C　外观质量检测内容和评分
　　　　标准…………………………… 181
附录D　工件外观质量检查记录卡………… 186

胸怀大志、脚踏实地（代后记）……… 190

参考文献 ………………………………… 192

第一章 电弧焊基本知识

第一节 概 述

在金属加工工艺领域中,焊接是一种发展非常迅速的加工方法。目前焊接已在能源、交通、建筑,特别是在机械制造行业中得到了广泛的应用。早在远古的铜、铁器时代,当人类刚开始掌握金属冶炼技术并用来制作简单的生产和生活器具时,火烙铁钎焊、锻接等简单的金属连接方法就已为古人所发现并得到应用。以电弧焊、电阻焊、高能束焊等为代表的现代焊接工程技术则是在19世纪末到20世纪初的世界第一次工业革命时期孕育,并在20世纪30年代后逐渐发展起来的。它既是现代工业和科学技术发展的产物,又是现代工业制造技术的一个重要的基本组成部分。据统计,目前,各种门类的工业制品中,半数以上都采用了一种或多种焊接与连接技术。汽车和铁路车辆、舰船、航空和航天飞行器、原子能反应堆及水力或火力发电站、石油化工设备、机床和工程施工机械、电机电器、微电子产品、家电等众多现代工业产品,以及桥梁、高层建筑、城市高架桥或地铁、石油或天然气的远距离输送管道、高能粒子加速器等许多重大工程建设中,焊接技术占据着十分重要的地位。

一、焊接的概念、特点及分类

焊接是一种工业上常用的形成永久性连接的工艺方法,是通过加热或加压,或两者并用,并且用或不用填充材料,使工件达到结合的一种方法。所用能源可以是电能、机械能、化学能、声能或光能等。

焊接制造具有下列优点:

(1) 节省材料与工时 在金属结构制造业中,用焊接代替铆接一般可以节省金属材料15%~20%。图1-1所示是铆接结构与焊接结构截面的比较。用焊接代替铆接制造运输设备,可减轻自重,这就相对地提高了运输效率。由于铆接工序较多,需几个人同时操作,若用焊接代替铆接,便可节省大量的工时与劳动力。

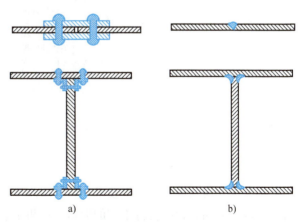

图1-1 铆接结构与焊接结构截面的比较

a) 铆接 b) 焊接

(2) 能化大为小,拼小成大 在制造大型结构或复杂的机器零部件时,可以用化大为小、化复杂为简单的办法来准备坯料,然后用逐次装配焊接的方法拼小成大。此外,还可以采用焊接和铸造、锻造组成的复合工艺,用小型铸、锻设备生产大的零部件,以减轻铸、锻工作量并降低成本。

（3）可实现不同材料间的连接成形 铜-铝连接、高速钢-碳钢连接、碳钢-合金钢连接都可以通过焊接实现。因此，焊接可优化设计，节省贵重材料。

（4）可制造密封性构件 可焊接锅炉、高压容器、储油罐、船体等密封性好、工作时不渗漏的空心构件。

按照焊接过程的特点，焊接方法可分为熔焊、压焊和钎焊三大类。每类依据工艺特点又分成若干不同方法，如图1-2所示。

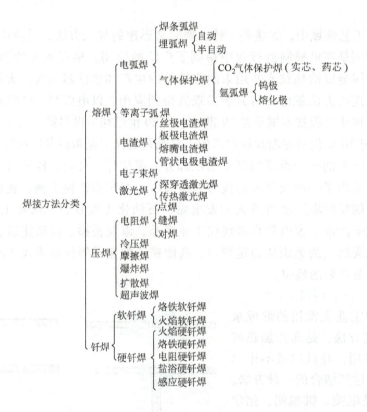

图1-2 焊接方法分类

二、焊接技术的应用

科学技术发展到今天，焊接技术已广泛应用于工农业生产、航空航天、交通运输、日常生活等领域。例如，我国自行生产的锻造水压机上、下横梁和活动横梁及四根立柱，大型汽轮机转子及大型轧钢机机架都是数十吨、百吨重的大件，若采用铸造或锻造方法生产，则受设备能力限制，生产困难，甚至无法制作。而采用铸、焊或锻、焊结构，先分段制造再焊接成整体，则不需过大的设备，简化了工艺，也降低了成本。我们日常使用的自行车、电视机都离不开焊接工艺。至于现代化的交通工具，更是以焊接为主要生产手段。例如，一艘油轮的焊缝总长达1000km；一辆小汽车上的焊点有5000~12000个。

三、焊接结构的制造过程

焊接结构的制造过程是指采用焊接的工艺方法把毛坯、零件和部件连接起来制成焊接结构的生产过程。焊接结构的工艺过程如图1-3所示。

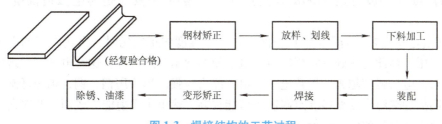

图1-3 焊接结构的工艺过程

由图1-3可见,在焊接结构的整个工艺过程中,焊接只是其中的一个工序,但它是最主要、最关键的一个工序,前面的各工序都是为它作铺垫和服务的,后续工序又是对它的补充和完善。焊接是为了获得各种优质的焊接接头,而焊接结构的整个制造过程是为了获得具有一定功能的产品或部件。

第二节 焊接电弧基本知识

一、电弧的物理基础

电弧是一种气体放电现象,它是带电粒子通过两电极之间气体电离后的一种导电过程。要使两电极之间的气体导电,必须具备两个条件:一是两电极之间有带电粒子;二是两电极之间有电场。带电粒子在电场作用下运动,形成电流,从而使两极之间形成电弧。

1. 带电粒子的产生

一般情况下,气体分子和原子都处于电中性状态,因此不能导电,是良好的绝缘体。采用一定的物理方法可使两个电极间的气体产生带电粒子,带电粒子可以形成电弧放电。两电极之间的气体产生带电粒子的途径有气体电离和阴极电子发射。

(1) **气体电离** 在外加能量的作用下,中性的气体分子或原子分离成电子和正离子的过程称为气体的电离。其实质是中性气体粒子(分子或原子)吸收足够的外部能量,使得分子或原子的外层电子脱离原子核的束缚而成为自由电子和正离子的过程。

根据外加能量来源的不同,气体电离有以下几种方式:

1) 热电离。气体粒子受热的作用而产生的电离称为热电离。其实质是由于气体粒子的热运动形成频繁而激烈的碰撞而产生的一种电离过程。温度越高,热电离的作用越大。

2) 场致电离。在两电极间的电场作用下,气体中的带电粒子被加速。当带电粒子的动能达到一定数值时,有可能与中性粒子发生碰撞而使之产生电离,这种电离称为场致电离。在电弧的两个极区,电场强度达 $10^5 \sim 10^7$ V/cm 时,场致电离现象明显。

3) 光电离。中性气体粒子受到光辐射的作用而产生的电离称为光电离。光电离只是电弧中产生带电粒子的一种次要途径。

(2) **阴极电子发射** 电子发射是电弧获得带电粒子的另一个主要途径。阴极表面受到一定的外加能量作用时,电子从阴极表面逸出的过程称为电子发射。电子逸出金属表面需要吸收一定的能量，根据吸收能量的种类不同，电子发射可分为以下几种形式：

1）热电子发射。阴极表面因受热的作用而产生的电子发射过程称为热电子发射。阴极表面温度越高，电子发射能力越强。当采用高沸点的钨或碳作阴极时，电极可被加热到很高的温度（一般可达3500K以上），此时，热电子发射是为电弧提供电子的主要途径。

2）场致电子发射。当阴极表面空间存在一定强度的正电场时，金属内部的电子将受到电场力的作用，当此力达到一定程度时，电子便会逸出金属表面，这种电子发射现象称为场致电子发射。电场强度越大，场致电子发射的能力越强。当采用钢、铜、铝等低沸点材料作阴极时，阴极加热温度受材料沸点限制不可能很高，热电子发射能力较弱，此时向电弧提供电子的主要方式是场致电子发射。

3）粒子撞击电子发射。当运动速度较高、能量较大的粒子（主要是阳离子）碰撞阴极表面时，将能量传递给阴极表面的电子而产生的电子发射现象称为粒子撞击电子发射。电场强度越大，阳离子的运动速度就越快，撞击电子发射的作用也越激烈。在一定条件下，这种电子发射形式也是焊接电弧阴极区提供导电粒子的主要途径。

4）光发射。当阴极表面受到光辐射作用时，阴极内的自由电子能量达到一定程度而逸出阴极表面的现象称为光发射。光发射在阴极电子发射中居次要地位。

在电弧焊中，电弧气氛中的带电粒子一方面由电离产生，另一方面由阴极电子发射获得。两者都是保证电弧产生与维持所不可缺少的。

2. 焊接电弧的构造

电弧中气体放电现象的主要特点是电流大（从几安到几千安），而两极间的电压低（只有十几伏至几十伏）。通过这种气体放电，电弧能有效而简便地把弧焊电源输送的电能转换成焊接过程所需要的热能和机械能，同时产生强烈的弧光。

电弧沿长度方向的电场强度（电压降）分布如图1-4所示。由图1-4可见，沿电弧长度方向的电场强度分布并不均匀。按电场强度分布的特点可将电弧分为三个区域：阴极附近的区域为阴极区，其电压U_k称为阴极电压降；中间部分为弧柱区，其电压U_c称为弧柱电压降；阳极附近的区域为阳极区，其电压U_a称为阳极电压降。阳极区和阴极区在整个电弧长度上的尺寸皆很小，约为$10^{-6}\sim10^{-2}$cm，故可近似认为弧柱长度即为电弧长度。电弧的这种不均匀的电场强度分布，说明电弧各区域的电阻是不同的，即电弧电阻是非线性的。

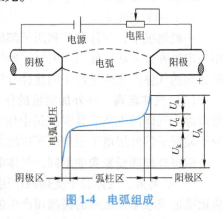

图1-4 电弧组成

（1）阴极区 电弧紧靠负电极的区域为阴极区。阴极区有两方面的作用：一方面向弧柱区提供电弧导电所需的电子流，另一方面接收由弧柱送来的正离子流。由于电极材料的种类及工作条件（电流大小、气体介质等因素）不同，阴极电压降有较大差别。一般采用钨、碳等高沸点材料作阴极（热阴极）且焊接电流较大时，阴极电压降较小；采用钢、铜、铝等低沸点材料作阴极（冷阴极）或焊接电流较小时，阴极电压降较大。阴极表面通常可以观察到发出烁亮的区域，这个区域称为阴极斑点。由于金属氧化物的逸出功比纯金属低，容易发射电子，因而阴极斑点自动移向有氧化物的地方，所以阴极斑点有清除氧化物的作用。

（2）阳极区 电弧紧靠正电极的区域为阳极区，阳极区较阴极区宽。阳极区的主要作用是接收弧柱送来的电子流，同时向弧柱提供所需要的正离子流。在阳极的表面也有一个明亮的斑点，称为阳极斑点。它是由电子撞击阳极表面而形成的，是集中接收电子的微小区域，它总是自动移向有纯金属的地方。

（3）弧柱区 在阴极区和阳极区之间的区域称为弧柱区。由于阴极区和阳极区都很窄，故弧柱的长度就可以近似认为是电弧的长度。在弧柱区充满了电子、正离子、负离子、中性的气体分子和原子，并伴随着激烈的电离反应，其热量大部分通过对流、辐射散失到周围的空气中。

3. 电弧电压和弧长的关系

电弧电压由阴极电压降、阳极电压降和弧柱电压降三部分组成。在电极材料和气体介质一定的情况下，阴极和阳极电压降基本上是固定的数值，而弧柱电压降在一定的气体介质条件下与弧柱的长度（实际上是电弧长度）成正比。所以，当电弧拉长时，电弧电压升高；反之，电弧电压降低。

4. 焊接电弧的引弧方式

造成两电极间气体发生电离和阴极电子发射而引起电弧燃烧的过程，称为焊接电弧的引弧（或引燃）。焊接电弧的引弧一般有两种方式：接触引弧和非接触引弧。

弧焊电源接通后，电极（焊条或焊丝）与工件直接短路接触，随后拉起电极，使电弧引燃，这种引弧方式称为接触引弧，它是一种最常用的引弧方式。

接触引弧如图1-5所示。当电极与工件短路接触时，由于电极和工件表面都不是绝对平整的，所以只是在少数凸点上接触，并在接触点处形成很大的短路电流，产生大量的电阻热，使电极金属表面发热、熔化，甚至汽化，引起热发射和气体的热电离。随后，在拉开电极的瞬间，电源电压作用在此小间隙上形成很强的电场，引起场致电子发射，同时又使已产生的带电粒子加速、互相碰撞，引起撞击电子发射，最后在上述因素的作用下引燃电弧。焊条电弧焊和熔化极气体保护焊都采用这种引弧方式。

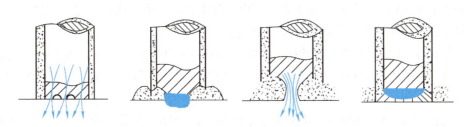

图1-5 接触引弧过程

非接触引弧时，电极与工件之间保持一定间隙，然后在电极与工件之间施以高频电压或高压脉冲而击穿间隙，使电弧引燃。这种引弧方式主要应用于钨极氩弧焊和等离子弧焊。引弧时，电极不必与工件接触，这样不仅不会污染工件上的引弧点，而且也不会损坏电极端部的几何形状，有利于电弧的稳定燃烧。

二、电弧的特性

1. 电弧的静特性

在电极材料、气体介质和弧长一定的情况下,电弧稳定燃烧时,焊接电流与电弧电压变化的关系称为电弧的静特性。

电弧的静特性用曲线表示,便是电弧静特性曲线,如图 1-6 所示。电弧静特性曲线呈 U 形,可分为三个不同的区域。当电流较小时(ab 区),电弧的静特性属于下降特性区,即随着电流的增加,电压减小;当电流稍大时(bc 区),电弧的静特性属于水平特性区,也就是当电流变化时,电压几乎不变;当电流较大时(cd 区),电弧的静特性属于上升特性区,即电压随电流的增加而升高。

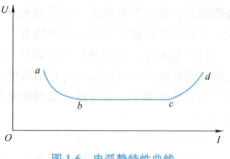

图 1-6 电弧静特性曲线

电弧静特性曲线虽然有三个不同区域,但对于不同的焊接方法,在一定的条件下,其静特性曲线只处于曲线的某一区域。例如,小电流钨极氩弧焊、微束等离子弧焊以及脉冲氩弧焊中的"维弧"状态,通常使用电弧静特性的下降段;对于焊条电弧焊、埋弧焊、非熔化极气体保护焊,多半工作在电弧静特性的水平段;对于细丝大电流自动 CO_2 焊、等离子弧焊,则通常工作在电弧静特性的上升段。这对焊机的电流提出了特殊的要求。

2. 电弧的热能特性

电弧可以看作是一个把电能转换成热能的柔性导体,电弧热是电弧焊的主要热源。由于电弧三个区域的导电特性不同,因而其产热特性也不同。

(1) 电弧的产热

1) 弧柱的产热。弧柱是带电粒子的通道。在这个通道中,带电粒子在外加电场的作用下运动,并频繁而激烈地碰撞,在碰撞过程中带电粒子达到高温状态,把电能转换成热能。一般电弧焊时,弧柱产生的热量通过对流、传导与辐射方式的损失约占 90%以上,仅剩很少一部分能量通过辐射传给焊丝和工件。当电流较大而有等离子流产生时,等离子流可把弧柱的一部分热量带给工件,从而增加工件的热量。

2) 阴极区的产热。与弧柱区相比,阴极区的长度很短,且靠近电极或工件(由接线方法决定)。阴极区产生的热量可被用来加热填充材料或工件,所以直接影响焊丝的熔化或工件的加热。

3) 阳极区的产热。阳极区的电流由电子流和正离子流两部分组成,因正离子流所占比例很小,阳极区的产热主要是电子流的能量转换效应。所产热量主要用于对阳极的加热。在焊接过程中,这部分能量也可用于加热填充材料或工件。

(2) 焊接电弧的温度分布　焊接电弧中,轴向三个区域的温度分布是不均匀的。阴极区和阳极区的温度较低,弧柱区温度较高。阴极区、阳极区的温度因焊接方法的不同而有所差别,见表 1-1。

表 1-1　常用焊接方法的阴极区与阳极区的温度比较

焊接方法	焊条电弧焊	钨极氩弧焊	熔化极氩弧焊	CO_2 气体保护焊	埋弧焊
温度比较	阳极区温度>阴极区温度			阴极区温度>阳极区温度	

由于直流电弧焊时，焊接电弧正、负极上的热量不同，所以采用直流电源时有正接和反接之分。例如，对于焊条电弧焊，直流正接时焊件接电源正极，此时焊件获得热量多，温度高，熔池深，易焊透，适于焊厚件；直流反接时焊件接电源负极，此时焊件获得热量少，温度低，熔池浅，不易烧穿，适于焊薄件。

如果焊接时使用交流电焊设备，因电流每秒钟正负变换达 100 次，两极加热一样，不存在正接和反接的问题。

电弧径向温度分布的特点是：弧柱区轴线温度最高，沿径向由中心至周围温度逐渐降低，如图 1-7 所示。因此，在电弧加热作用下，焊接熔池的中心温度高，四周温度快速降低。这在焊接操作中对熔池的控制将产生重要影响。

3. 电弧的力学特性

在焊接过程中，电弧的机械能是以电弧力的形式表现出来的。电弧力不仅直接影响工件的熔深及熔滴过渡，而且也影响到熔池的搅拌、焊缝成形及金属飞溅等，因此，对电弧力的利用和控制将直接影响焊缝质量。电弧力主要包括电磁收缩力、等离子流力、斑点力等。

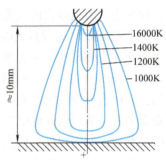

图 1-7　电弧径向温度分布

1) 电磁收缩力。由电工学可知，当电流流过相距不远的两根平行导线时，如果电流方向相同，则产生相互吸引力。当电流流过电弧时，可看成是由许多相距很近的平行同向的电流线组成，这些电流线之间将产生相互吸引力，即电磁收缩力。

电磁收缩力在电弧中首先表现为电弧内的径向压力，引起电弧直径收缩，可束缚弧柱的扩展，使弧柱能量更集中，并使电弧更具挺直性。另外，由于焊接电弧可看成是一圆锥形的气态导体，电极端直径小，工件端直径大，从而形成由小直径端（电极端）指向大直径端（工件端）的电弧轴向推力，称为电磁静压力；焊接时，表现为对熔池的压力，促使形成碗状熔深焊缝，同时也对熔池产生搅拌作用，有利于细化晶粒，排出气体及夹渣，使焊缝的质量得到改善。

2) 等离子流力。因焊接电弧呈圆锥状，使电磁收缩力形成了轴向推力，在此推力作用下，将把靠近电极处的高温气体推向工件方向而产生流动，并从电极上方补充新的气体，形成有一定速度的连续气流而进入电弧区。新加入的气体被加热和部分电离后，受轴向推力作用继续冲向工件，对熔池形成附加的压力。这种由高温气流（等离子气流）的高速运动而引起的力称为等离子流力，也称为电弧的电磁动压力。

等离子流力可进一步增大电弧的挺直性，且在熔化极电弧焊时促进熔滴的轴向过渡，增大熔深，并对熔池形成搅拌作用。

3) 斑点力。电极上形成斑点时，由于斑点处受到带电粒子的撞击或金属蒸发的反作用而对斑点产生的压力，称为斑点压力或斑点力。

4. 焊接电弧的偏吹

在正常情况下，电弧的轴线总是沿着电极中心线的方向，然而，电弧是由气体电离构成的柔性导体，因此，受外力作用时，容易发生偏摆。使电弧中心偏离电极轴线的现象称为电弧的偏吹。电弧偏吹使电弧燃烧不稳定，影响焊缝成形和焊接质量。造成电弧偏吹的主要原因有以下几种：

（1）焊条偏心度过大 焊条偏心度是指焊条药皮沿焊芯直径方向偏心的程度。若焊条因制造工艺不当产生偏心，在焊接时，电弧燃烧后药皮熔化不均，电弧将偏向药皮薄的一侧形成偏吹。所以，为防止由此引起电弧偏吹，焊条的偏心度应符合国家标准的规定。

（2）气流的干扰 在室外进行焊接作业时，电弧周围气体的流动会把电弧吹向一侧而造成偏吹。因此，在气流中进行焊接作业时，电弧周围应有挡风装置；进行管道焊接作业时，应防止管内有较大的气流出现。

（3）磁偏吹 进行直流电弧焊时，电弧因受到焊接回路所产生的电磁力作用而产生的电弧偏吹称为磁偏吹。引起磁偏吹的主要原因如下：

1）接地线位置不正确。焊接时，由于接地线位置不正确，使电弧周围的磁场强度分布不均，从而造成电弧的偏吹，如图 1-8a 所示。在进行直流电弧焊时，除了在电弧周围产生自身磁场外，通过焊件的电流也会在空间产生磁场。导线接在焊件左侧，则在焊件左侧是两个磁场叠加，而在焊件右侧为单一磁场，电弧两侧的磁场分布失去平衡，因此，磁力线密度大的左侧对电弧产生推力，使电弧偏离轴线向右侧倾斜，即向右偏吹；反之，将向左偏吹。焊接时可采用改变焊件上接地线的部位，尽可能使弧柱周围的磁力线均匀分布；也可调低焊接电流，或在操作中适当调节焊条角度，使焊条向偏吹一侧倾斜等方法减小磁偏吹的影响。

2）铁磁物质。由于铁磁物质的导磁能力远远大于空气，因此，当焊接电弧周围有铁磁物质存在时（如焊接 T 形接头角焊缝），如图 1-8b 所示，在靠近铁磁体一侧的磁力线大部分都通过铁磁体形成封闭的曲线，使电弧同铁磁体之间的磁力线变得稀疏，而电弧另一侧显得密集，因此，电弧就向铁磁体一侧偏吹。

3）焊条与焊件的位置不对称。当在焊件边缘处进行焊接时（如始焊或终焊处），由于焊条与焊件的位置不对称，造成电弧周围的磁场分布不均衡，再加上热对流作用，便产生了电弧偏吹，如图 1-8c 所示。可采用在焊缝两端各加一小块附加钢板（引弧板、引出板）的方法减小磁偏吹的影响。

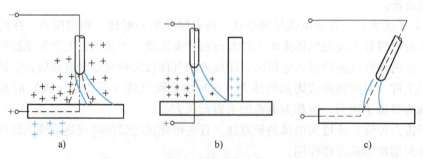

图 1-8 电弧磁偏吹

a）接地线位置不正确引起 b）铁磁物质引起 c）焊条与焊件的位置不对称引起

第三节　焊丝及母材熔化

一、焊丝金属的熔化及熔滴过渡

熔化极电弧焊时，焊丝一方面作为电极传导电流，另一方面受热熔化后作为填充金属与熔化的母材共同形成焊缝。因此，焊丝的加热熔化及熔滴过渡将对焊接的过程和焊缝的质量产生直接影响。

1. 焊丝加热、熔化的热源和焊丝的熔化

（1）**焊丝加热、熔化的热源**　熔化极电弧焊时，加热并熔化焊丝的热量主要有电阻热和电弧热。

1）电阻热。当电流在焊条中通过时，将产生电阻热。电阻热的大小取决于焊条长度或焊丝的伸出长度、电流密度和金属的电阻率。焊条或焊丝伸出长度越长、电流密度越大、电阻率越高，则电阻热越大。

2）电弧热。电弧产生的热量仅有一部分用来熔化焊丝，而大部分热量用来熔化母材、药皮或焊剂，另外还有相当一部分的热量消耗在辐射、飞溅和母材传热上。

（2）**焊丝的熔化**　焊丝金属受到电阻热和电弧热加热后，便开始熔化。衡量焊丝熔化的主要指标是熔化速度，即单位时间内焊丝的熔化长度或质量。焊丝或焊芯的熔化速度主要取决于焊接电流的大小。就焊条电弧焊而言，由于电阻热对焊芯强烈的预热作用，使焊条后半部的熔化速度比前半部要快20%～30%。

2. 焊丝金属的熔滴过渡

熔滴即焊条或焊丝端部形成的向熔池过渡的液态金属滴。熔滴通过电弧空间向熔池转移的过程称为熔滴过渡。

（1）**熔滴上的作用力**　影响熔滴过渡的主要因素是熔滴上的作用力。根据熔滴上作用力的来源不同，可将其分为重力、表面张力、电磁收缩力、斑点力和电弧气体的吹力。

1）重力。焊接时，熔滴由于本身所受重力而具有下垂的倾向。平焊时，重力起促进熔滴过渡的作用。

2）表面张力。金属熔化后，在表面张力的作用下形成球滴状，使液态金属不会马上脱离焊条。表面张力的大小与熔滴的成分、温度、环境有关，另外，与焊丝直径成正比。平焊时，表面张力阻碍熔滴过渡，而其他位置有利于熔滴过渡。

3）电磁收缩力。在任何焊接位置，电磁收缩力的作用都是促使熔滴向熔池过渡的。

4）斑点力。在电弧焊中，斑点力是阻碍熔滴过渡的。直流正接时，阳离子的压力阻碍熔滴过渡；反之，电子的压力阻碍熔滴过渡。由于阳离子的质量大，阳离子流的压力也就比电子流的压力大，所以采用直流反接可以减小熔滴过渡的阻碍作用，减少飞溅，更容易产生细颗粒熔滴过渡。

5）电弧气体的吹力。在焊条电弧焊时，焊条药皮的熔化稍微落后于焊芯的熔化，在焊条的末端便形成一小段未熔化的喇叭形套管。此套管内含有大量的气体，并顺着套管方向形成挺直而稳定的气流，进而把熔滴送到熔池中去。不论焊接的空间位置如何，电弧气体的吹力都将有利于熔滴金属的过渡。

（2）**熔滴过渡的形式**　金属熔滴向熔池过渡大致可分为以下几种形式：

1)喷射过渡。细小的熔滴颗粒以喷射状态快速通过电弧空间向熔池过渡的形式称为喷射过渡,如图1-9a所示。一般在熔化极惰性气体保护焊中,当焊接电流很大(超过临界电流),且电压较高时,形成喷射过渡;此时熔滴过渡频率高,电弧稳定,飞溅小,熔深大,焊缝成形美观,可全位置焊接,生产效率高,但易形成指状熔深。

2)滴状过渡。当电弧长度超过一定值时,熔滴依靠表面张力的作用自由过渡到熔池,而不发生短路,即为滴状过渡。滴状过渡又可分为粗滴过渡和细滴过渡。粗滴过渡时飞溅大,电弧也不稳定,成形不好,如图1-9b所示。滴状过渡一般在较大的焊接电流和较高的焊接电压条件下形成,熔滴尺寸的大小与焊接电流的大小和焊丝的成分有关。

3)短路过渡。焊丝端部的熔滴与熔池短路接触时,由于强烈的热和磁收缩的作用使熔滴爆断,直接向熔池过渡,这种形式称为短路过渡,如图1-9c所示。短路过渡的形成条件是小电流、低电弧电压,电弧功率较小。它能实现稳定的金属熔滴过渡和稳定的焊接过程。短路过渡适合于薄板或需要低热输入情况下的焊接。

(3)熔滴过渡的飞溅 熔焊过程中,熔化的金属颗粒和熔渣向周围飞散的现象称为飞溅。飞溅不仅影响焊缝成形和美观,更严重的是它降低了单位电流、单位时间内焊芯(或焊丝)熔敷在焊件上的金属量(即熔敷系数),从而降低了焊接生产效率和效益。引起飞溅的主要原因有以下两种:

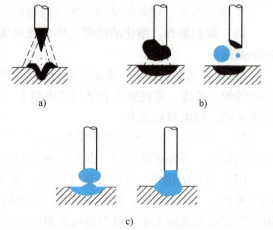

图1-9 熔滴过渡的形式

a)喷射过渡 b)滴状过渡 c)短路过渡

1)气体爆炸引起的飞溅。由于冶金反应时在液体内部产生大量的CO气体,气体的析出十分猛烈,造成液态金属(熔滴和熔池金属)发生粉碎性的细滴飞溅。

2)斑点力引起的飞溅。短路过渡的最后阶段,在熔滴与熔池之间发生烧断的瞬间,液态"金属小桥"的电流密度太大,从而引起强烈的飞溅。

二、母材熔化与焊缝成形

在电弧热的作用下,母材被熔化,进而在焊件上形成一个具有一定形状和尺寸的液态熔池。随着电弧的移动,熔池前端的焊件不断被熔化进入熔池中,熔池后部则不断冷却结晶而形成焊缝,如图1-10所示。熔池的形状不仅决定了焊缝的形状,而且对焊缝质量有重要的影响。熔池的体积和形状主要取决于电弧的热量和电弧对熔池的作用力。

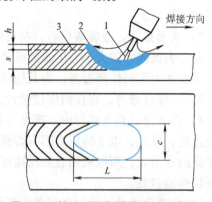

图1-10 熔池形状与焊缝成形示意图

1—电弧 2—熔池金属 3—焊缝金属
s—熔池深度(熔深) c—熔池宽度(熔宽)
L—熔池长度 h—余高

1. 焊缝形状与焊缝质量的关系

焊缝的形状是指焊件熔化区横截面的形状,它可用熔深 s、熔宽 c 和余高 h 三个参数来描述。图 1-11 所示为对接和角接接头的焊缝形状及各参数的意义。合理的焊缝形状要求 s、c 和 h 之间有适当的比例,生产中常用成形系数 $\phi=c/s$ 和余高系数 $\psi=c/h$ 来表征焊缝成形的特点。

成形系数是衡量焊缝质量优劣的主要指标之一。ϕ 小,表示焊缝深而窄,既可缩小焊缝宽度方向的无效加热范围,又可提高热效率和减小热影响区。但若 ϕ 过小,焊缝截面过窄,则不利于气体从熔池中逸出,容易在焊缝中产生气孔,且使结晶条件恶化,增大产生夹渣和裂纹的倾向。因此,实际焊接时,成形系数的大小应根据焊缝产生裂纹和气孔的敏感性合理控制,不同焊接方法的成形系数应控制在一定范围内。

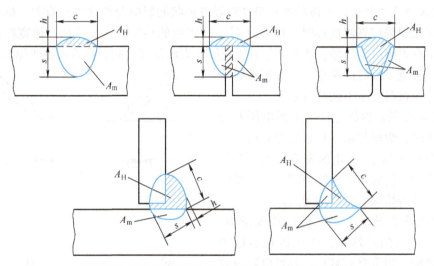

图 1-11 对接和角接接头的焊缝形状及各参数的意义

余高系数也是衡量焊缝质量优劣的指标。理想的焊缝成形,其表面应该是与母材平齐的,即余高 h 为零。因为有余高,焊缝和母材在连接处不能平滑过渡,焊接接头承载时在突起处形成应力集中,降低了焊接结构的承载能力。但是理想的无余高又无凹陷的焊缝是不可能在焊后直接获得的。为了保证焊缝的强度,一般焊缝允许具有适当的余高。

表征焊缝横截面形状特征的另一个重要参数就是焊缝的熔合比 γ。所谓熔合比,是指单道焊时,在焊缝横截面上母材熔化部分所占的面积 A_m 与焊缝全部面积之比($\gamma=A_m/(A_m+A_H)$)。熔合比越大,则焊缝的化学成分越接近于母材本身的化学成分。在电弧焊工艺中,焊件的坡口形式、焊接参数都会影响焊缝的熔合比。

2. 影响焊缝成形的因素

焊缝成形的影响因素主要有焊接参数(焊接电流、电弧电压、焊接速度、热输入等)、工艺条件(电流种类与极性、焊丝直径、电极和焊件倾角、保护气等)和焊件的结构(坡口形状和间隙、焊件材料和厚度等)。

(1) **焊接参数的影响** 焊接参数决定焊缝输入的能量,是影响焊缝成形的主要工艺参数。

1) 焊接电流。焊接电流主要影响焊缝的熔深。其他条件一定时，随着电流的增大，焊缝的熔深和余高增加，而熔宽几乎不变，成形系数减小。

2) 电弧电压。电弧电压主要影响焊缝的熔宽。其他条件一定时，随电弧电压的增大，熔宽显著增加，而熔深和余高略有减小，熔合比稍有增加。

不同的焊接方法对成形系数有自身的特定要求。因此，为得到合适的焊缝成形，一般在改变焊接电流时，对电弧电压也应适当地调整。

3) 焊接速度。焊接速度的快慢主要影响母材的热输入量。其他条件一定时，提高焊接速度，单位长度焊缝的热输入量及焊丝金属的熔敷量均减小，故熔深、熔宽和余高都减小，熔合比几乎不变。

(2) 工艺条件的影响

1) 电流种类与极性。电流种类和极性对焊缝形状的影响与焊接方法有关。熔化极气体保护焊和埋弧焊采用直流反接时，焊件（阴极）产生的热量较多，熔深、熔宽都比直流正接时大。交流焊接时，熔深、熔宽介于直流正接与直流反接之间。在钨极氩弧焊或酸性焊条电弧焊中，直流反接时熔深小，直流正接时熔深大；交流焊接时介于上述两者之间。

2) 焊丝直径。焊接电流、电弧电压及焊接速度给定时，焊丝越细（钨极氩弧焊时，钨极端部几何尺寸越小），电流密度越大，对焊件加热越集中，同时电磁收缩力增大，焊丝熔化量增多，使得熔深、余高均增大。

3) 焊丝伸出长度。焊丝伸出长度增加，则电阻增大，电阻热增加，焊丝熔化速度加快，余高增加，熔深略有减小。焊丝电阻率越高，直径越小，伸出长度越长，这种影响越大。

4) 电极倾角。电弧焊时，根据电极倾斜方向和焊接方向的关系，可分为电极前倾和电极后倾两种形式，如图 1-12a、b 所示。电极

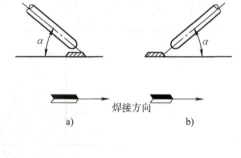

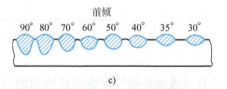

图 1-12 电极倾角对焊缝成形的影响
a) 电极后倾 b) 电极前倾 c) 电极前倾时倾角的影响

前倾时，熔宽增加，熔深、余高均减小，前倾角越小，这种现象越突出，如图 1-12c 所示。电极后倾时，情况刚好相反。焊条电弧焊和半自动气体保护焊时，通常采用电极前倾法，倾角 α=65°~80°较合适。

5) 焊件倾角。实际焊接时，有时因焊接结构等条件的限定，焊件摆放存在一定的倾斜，重力的作用使熔池中的液态金属有向下流动的趋势，因而在不同的焊接方向产生不同的影响。下坡焊时，重力的作用阻止熔池金属流向熔池尾部，电弧下方液态金属变厚，电弧对熔池底部金属的加热作用减弱，熔深减小，而余高和熔宽增大。上坡焊时，熔深和余高均增大，熔宽减小，如图 1-13 所示。

(3) 焊件结构的影响 在一定条件下，焊件的结构也会对焊缝成形造成影响。

1) 焊件材料和厚度。不同的焊件材料，其热物理性能不同。相同条件下，导热性好的材料熔化单位体积金属所需的热量更多，在热输入量一定时，焊缝的熔深和熔宽就小。焊件

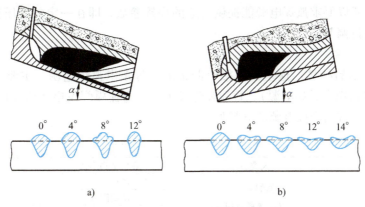

图 1-13 焊件倾角对焊缝成形的影响
a) 上坡焊 b) 下坡焊

材料的密度或液态黏度越大,电弧对熔池液态金属的排开越困难,则熔深越浅。其他条件相同时,焊件厚度越大,散热越多,熔深和熔宽越小。

2) 坡口形状和间隙。焊件是否要开坡口,是否要留间隙及留多大间隙,均应视具体情况确定。采用对接形式焊接薄板时,不需留间隙,也不需开坡口;板厚较大时,为了焊透焊件或改善熔合比,需留一定间隙或开坡口,此时余高和熔合比随坡口或间隙尺寸的增大而减小,因此,焊接时常采用开坡口来控制余高和熔合比。

第四节 焊机及焊接辅助工具

一、焊机

不同的焊接方法所采用的焊机有很大差别,本节以较为简单的焊条电弧焊焊机为例进行简单介绍。

1. 对焊机(焊接电源)的要求

在焊条电弧焊焊接过程中,影响焊接质量的因素除操作者以外,焊接电源也是一个重要的因素。为保证焊接质量,对焊接电源提出如下要求:

(1) **具有适当的空载电压** 为保证焊接电弧的顺利引燃和电弧的稳定燃烧,焊接电源必须有一定的空载电压。所谓空载电压,是指焊接电源接通电网而焊接回路断开没有引燃电弧时,焊接电源输出端的电压。有关标准规定:弧焊整流器的空载电压一般在 90V 以下,弧焊变压器的空载电压一般在 80V 以下。

(2) **具有陡降的外特性** 焊接电源在稳定的工作状态下,输出端焊接电压和焊接电流之间的关系称为焊接电源的外特性。具有陡降外特性的焊接电源不但能保证电弧稳定燃烧,而且能保证短路时不会产生过大的电流而烧毁焊机。所谓陡降的外特性,是指焊接电流越大时焊接电压却越低。焊接电源的外特性可用曲线来表示,称为外特性曲线。

(3) **具有良好的动特性** 焊接电源的动特性是指弧焊电源对电弧这样的动负载所输出的电流、电压和时间的关系。它表示弧焊电源对负载瞬变的快速反应能力,对电弧的稳定性、熔滴过渡、飞溅和焊缝成形都有影响。

(4) **具有良好的调节特性** 在焊接过程中,要面对不同的结构、材质、厚度、焊接位置和焊条直径,所以要求弧焊电源能提供合适的焊接参数,即在一定的电压范围内能均匀、连续、方便地进行调节。

2. 焊接电源的种类和型号

(1) 焊接电源的种类 这里的焊接电源指的是焊条电弧焊电源,主要有弧焊变压器、弧焊整流器(包括逆变弧焊电源)、直流弧焊发电机。直流弧焊发电机现在用得较少,只少量用于野外施工。常用焊接电源的分类见表1-2。

表1-2 常用焊接电源的分类

设备名称	大类名称	焊机结构形式	典型产品型号
焊条电弧焊电源	弧焊变压器（交流弧焊机）	动铁心式	BX1—300
		动线圈式	BX3—500
		同体式	BX2—1000
	弧焊整流器（直流弧焊机）	硅整流式	ZXG7—300
		晶体管式	—
		逆变式	ZX7—400
		晶闸管式	ZX5—500

(2) 弧焊电源的型号 弧焊电源的型号表示如图1-14所示。代码中的第1、2、3项用汉语拼音字母表示,第4项用阿拉伯数字表示。附注特征和系列序号用于区别同小类的各系列和品种,包括通用和专用产品。代码中的第3、4项如不需表示时,可以只用第1、2项表示。常用焊机型号的意义见表1-3。

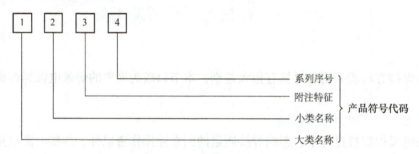

图1-14 弧焊电源的型号

表1-3 常用焊机型号的意义

产品名称	第一字位		第二字位		第三字位		第四字位	
	代表字母	大类名称	代表字母	小类名称	代表字母	附注特征	数字序号	系列序号
电弧焊机	B	交流弧焊机(弧焊变压器)	X	下降特性	L	高空载电压	省略	磁放大器或饱和电抗器式
							1	动铁心片
							2	串联电抗器式
			P	平特性			3	动圈式
							5	晶闸管式
							6	交换抽头式

（续）

产品名称	第一字位		第二字位		第三字位		第四字位	
	代表字母	大类名称	代表字母	小类名称	代表字母	附注特征	数字序号	系列序号
电弧焊机	A	机械驱动的弧焊机（弧焊发电机）	X P D	下降特性 平特性 多特性	省略 D Q C T H	电动机驱动 单纯弧焊发电机 汽油机驱动 柴油机驱动 拖拉机驱动 汽车驱动	省略 1 2	直流 交流发电机整流 交流
	Z	直流弧焊机（弧焊整流器）	X P D	下降特性 平特性 多特性	省略 M L E	一般电源 脉冲电源 高空载电压 交直流两用电源	省略 1 2 3 4 5 6 7	磁放大器或饱和电抗器式 动铁心片 动线圈式 晶体管式 晶闸管式 变换抽头式 逆变式
	M	埋弧焊机	Z B U D	自动焊 半自动焊 堆焊 多用	省略 J E M	直流 交流 交直流 脉冲	省略 2 3 9	焊车式 横臂式 机床式 焊头悬挂式
	N	MIG/MAG 焊机（熔化极惰性气体保护弧焊机/活性气体保护弧焊机）	Z B D U G	自动焊 半自动焊 点焊 堆焊 切割	省略 M C	直流 脉冲 二氧化碳保护焊	省略 1 2 3 4 5 6 7	焊车式 全位置焊车式 横臂式 机床式 旋转焊头式 台式 焊接机器人 变位式
	W	TIG 焊机	Z S D Q	自动焊 手工焊 点焊 其他	省略 J E M	直流 交流 交直流 脉冲	省略 1 2 3 4 5 6 7 8	焊车式 全位置焊车式 横臂式 机床式 旋转焊头式 台式 焊接机器人 变位式 真空充气式

(续)

产品名称	第一字位		第二字位		第三字位		第四字位	
	代表字母	大类名称	代表字母	小类名称	代表字母	附注特征	数字序号	系列序号
电弧焊机	L	等离子弧焊机/等离子弧切割机	G H U D	切割 焊接 堆焊 多用	省略 R M J S F E K	直流等离子 熔化极等离子 脉冲等离子 交流等离子 水下等离子 粉末等离子 热丝等离子 空气等离子	省略 1 2 3 4 5 8	焊车式 全位置焊车式 横臂式 机床式 旋转焊头式 台式 手工等离子

(3) 焊机铭牌 焊机铭牌有时不止一块，它标明了焊机的名称、型号、主要技术参数、绝缘等级、适用标准以及可供安装、使用、维护等工作参照，同时标明制造厂家、生产年月、出厂编号、出厂日期等。

铭牌中的主要参数有：

1）负载持续率。通过负载持续率来表示焊机的工作状态。因焊机工作时的温升不仅与焊接电流有关，而且与焊机的工作状态有关，焊机连续和断续焊接时的温升是不同的。当焊条电弧焊断续负载工作（需要换焊条、清理等）时，负载持续时间 t 对整个工作周期 T 的百分比称为负载持续率，即

$$负载持续率 = \frac{t}{T} \times 100\%$$

对于 500A 以下的焊机，工作周期定为 5min，断续工作时，负载持续（电弧燃烧）3min，负载持续率=3/5×100%=60%。有关标准规定，焊条电弧焊焊机的额定负载持续率为 60%，轻便型焊机的额定负载持续率可取 15%、25%、35%。

实际工作时的负载持续率称为实际负载持续率。

2）额定电流。焊机在额定负载持续率下工作时，允许使用的最大焊接电流为额定电流。额定电流与额定负载持续率成反比。由于实际负载持续率与额定负载持续率往往有出入，故实际焊接电流与额定电流不同，可按以下公式计算

$$许用焊接电流 = 额定电流 \times \sqrt{额定负载持续率} / \sqrt{实际负载持续率}$$

铭牌中一般会列出几种不同负载持续率时的许用焊接电流。

3）一次电压。指焊机的输入电压，即焊机需要的电网电压，一般是 380V，少量是 220V。

4）功率。指焊机工作时单位时间内输入焊机的电能，即单位时间内焊机的输入电压和输入电流的乘积，单位是 kW。额定功率是焊机在额定状态下的输入功率。

3. 焊条电弧焊焊机的选择及使用

(1) 焊机形式的选择 主要根据焊接构件来选择。一般构件用酸性焊条焊接，可选弧焊变压器（一般用梯形动铁心式）和整流器；重要构件必须使用碱性焊条焊接，选用弧焊整流器，最好使用逆变式弧焊整流器。

（2）焊机容量的选择 焊机容量大小的选择应根据实际所需焊接电流的大小来确定。焊接电流的调节范围应满足使用要求，即按所需焊接电流和实际负载持续率核定焊机的额定电流。

（3）焊条电弧焊焊机的安全操作规程

1）焊机的输入动力线的截面积应足够大，其允许的电流值应大于或稍大于焊机的一次额定电流；导线长度适宜，一般不超过3m。焊机的接线柱等导电或带电部分不得外露，应有良好的安全防护。

2）焊机安装使用前应清除灰尘，检查绝缘电阻，确保绝缘良好，并有良好的接地或接零装置。安放要平稳，使用环境要干燥，通风良好，焊机应与技术说明书的规定相符。焊机在使用、搬运中要防止剧烈碰撞、振动；露天使用时必须防止沙尘、雨、雪。

3）在室外临时使用时，应按临时动力线架设要求布线，且不得沿地面拖拉，高度不低于2.5m。临时工作完毕应立即拆除动力线。

4）安装焊机时，必须有单独使用的开关，其位置应便于操作，通道畅通无障碍物。当开关电路超负荷时，能自动切断焊机。工作完毕，必须立即切断电源。

5）要注意防止焊接时的飞溅或漏电引起的电火花造成火灾或爆炸。焊接场地如果有粉尘飞扬、易导电的气体或腐蚀性气体，或场地湿度大，必须做好隔离防护。

6）焊机外壳上禁止放置工具和其他物品。焊钳不得放置于工件和电源上，以免起动电源时发生短路。焊机应定期检查保养。焊机的安装、检修应由专业电工负责。

二、其他焊接工具

1. 电焊钳

电焊钳用来夹持焊条，并把焊接电流传送至焊条进行电弧焊的工具，如图1-15所示。对电焊钳的总体要求是安全、轻便和耐用。钳口材料要有高导电性和一定的机械强度；电焊钳与焊接电缆的连接必须紧密牢固；夹紧焊条的弹簧压紧装置要有足够的夹紧力，并且操作方便；焊工手握的胶木手柄及钳口外侧的耐热绝缘保护片，要求有良好的绝缘性能和强度。在使用时，要保证电焊钳与电弧焊电源配套，

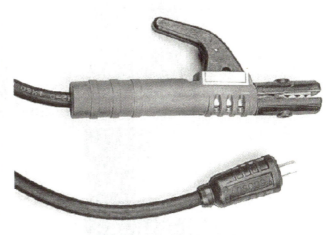

图1-15 电焊钳和快速接头

防止电焊钳或焊条和焊接工作台发生短路；避免使用剩余长度过短的焊条，以避免电弧烧坏电焊钳。

2. 焊接电缆

焊接电缆是电弧焊机和电焊钳及焊条之间传输焊接电流的导线。专业焊接软电缆是用多股阴极铜细丝制成的导线，并外包橡胶绝缘。使用时，焊接电缆和电焊钳、电缆接头的连接必须紧密可靠。焊接时不可将电缆盘绕成圈状，以防止产生感抗，影响焊接电流。

焊工面罩的安装与使用

3. 面罩

面罩是焊工焊接时防止面部灼伤,便于观察焊接状态的一种遮蔽工具,有手持式及头盔式两种,如图1-16所示。面罩上的滤光玻璃分为6个型号,即7~11号,号数越大,颜色越深。焊条电弧焊一般选用8~10号为宜。

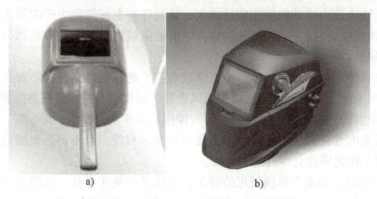

图1-16 面罩
a) 手持式面罩 b) 头盔式面罩

4. 焊工手套、绝缘鞋、工作服和平光眼镜

焊工手套、绝缘鞋和工作服(图1-17)是为防止弧光、火花灼伤和防止触电所必须穿戴的劳动保护用品。清渣时,为防止熔渣损伤眼睛,必须戴平光眼镜。

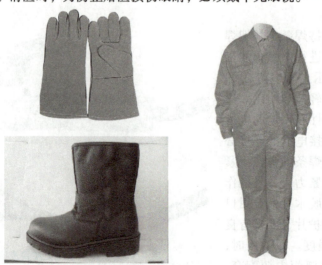

图1-17 焊接保护用品

5. 辅助工具

焊接的相关辅助工具如图1-18所示。

1)角向磨光机。用于清除焊件坡口的锈蚀物、打磨焊缝等。
2)錾子。用于清除焊渣、飞溅物和焊瘤。
3)钢丝刷。用于清除焊件表面的铁锈、污物和焊渣。

图 1-18　辅助工具

4）锉刀。用于修整焊件坡口的钝边、毛刺和焊件根部的接头。

5）烘干箱。是烘干焊条的专用设备，其温度可按需要调节。

6）焊条保温筒。是焊工现场携带的保温容器，用于保持焊条干燥，可以随焊随取。

7）敲渣锤。是两端制成尖铲形和扁铲形的清渣工具。

8）焊缝万能量规。焊缝万能量规是一种精密量规，用于测量焊前焊件的坡口角度、装配间隙、错边量及焊后焊缝的余高、焊缝宽度和角焊缝尺寸等，如图 1-19 所示。

图 1-19　焊缝万能量规

使用焊缝万能量规时，应避免磕碰划伤，保证尺面清洁，用完后应放入封套内保存。

第五节　焊接接头与焊缝

一、焊接接头的分类

用焊接的方法连接的接头称为焊接接头，简称接头。焊接接头包括焊缝区、熔合区和热影响区，如图 1-20 所示。

焊接接头是焊接结构最基本的要素，一个焊接结构总是由若干个构件通过焊接接头连接而成的。焊接接头可分为对接接头、T 形接头、角接接头、搭接接头、端接接头等，如图 1-21 所示。

图 1-20　焊接接头
1—焊缝区　2—熔合区　3—热影响区　4—母材

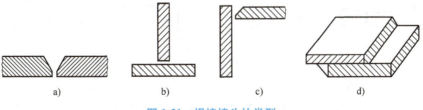

图 1-21　焊接接头的类型
a）对接接头　b）T 形接头　c）角接接头　d）搭接接头

1. 对接接头

两焊件表面构成大于或等于135°，小于或等于180°夹角的接头称为对接接头。它是各种焊接结构中采用最多的一种接头形式，如图1-22所示。

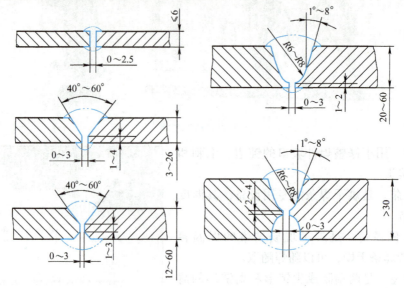

图1-22 对接接头

不开坡口（I形坡口）的对接接头，用于板厚较小的焊件。开坡口的对接接头，用于板较厚且需要全焊透的焊件。根据板厚不同，可开成各种形状的坡口，其中常用的有V形、双面V形（X形）和U形。

对于重要的焊接结构，如压力容器、不同厚度钢板的对接接头，应对厚板进行削薄。通常规定，当薄板厚度不大于10mm，两板厚度差超过3mm，或当薄板厚度大于10mm，两板厚度差大于薄板厚度的30%，或超过5mm时，对厚板边缘进行削薄，如图1-23所示。

不同厚度焊件对接时允许不作削薄的厚度差见表1-4。

表1-4 不同厚度焊件对接时允许不作削薄的厚度差　　　　　（单位：mm）

较薄焊件的厚度 δ_1	≥2~5	>5~9	>9~12	>12
允许厚度差 $\delta-\delta_1$	1	2	3	4

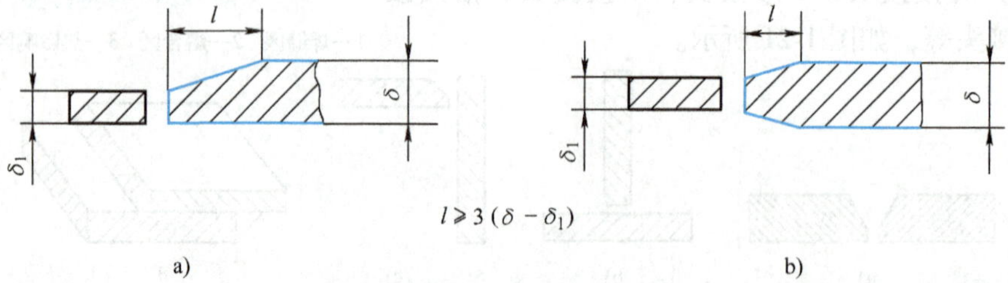

图1-23 不同厚度焊件的对接接头
a）单面削薄　b）双面削薄

2. T形接头

焊件的端面与另一焊件的表面构成直角或近似直角的接头称为T形接头，如图1-24所示。

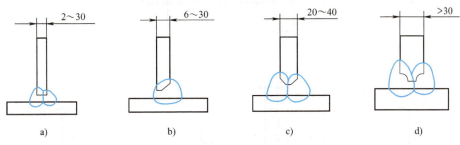

图1-24　T形接头

a) I形坡口　b) 带钝边单边V形坡口　c) 带钝边双单边V形坡口　d) 带钝边双J形坡口

3. 角接接头

两焊件端面间构成大于30°，小于135°夹角的接头称为角接接头。这种接头的受力状况不太好，常用于不重要的结构中。根据焊件厚度不同，接头形式也可分为开坡口和不开坡口两种，如图1-25所示。

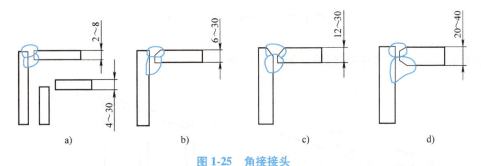

图1-25　角接接头

a) I形坡口　b) 带钝边单边V形坡口　c) Y形坡口　d) 带钝边双单边V形坡口

4. 搭接接头

两焊件部分重叠构成的接头称为搭接接头。根据结构形式对强度的要求不同，可分为不开坡口I形、圆孔内塞焊和长孔内角焊三种形式。不开坡口的搭接接头采用双面焊接，这种接头强度较差，很少采用。当重叠钢板的面积较大时，为保证结构强度，可分别选用圆孔内塞焊和长孔内角焊的形式，这两种接头形式特别适用于被焊位置狭小的焊接结构，如图1-26所示。

从受力的角度看，对接接头是比较理想的接头形式，其受力状况好，应力集中较小。T形接头能承受各种方向的力和力矩。搭接接头的应力分布不均匀，疲劳强度较低，不是理想的接头类型，但由于其焊前准备及装配工作简单，在焊接结构中应用较广，而对于承受动载荷的接头不宜采用。角接接头多用于箱形构件上，承载能力随接头形式不同而不同。

二、焊缝形式

焊缝就是焊件经焊接后所形成的结合部分。可按下列方式分类：

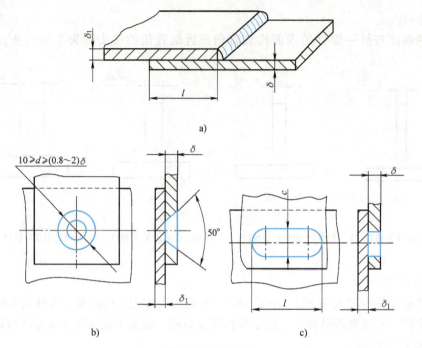

图 1-26 搭接接头

a) 不开坡口 I 形　b) 圆孔内塞焊　c) 长孔内角焊

1. 按焊缝在空间位置的不同分类

分为平、立、横、仰四种焊缝，如图 1-27 所示。

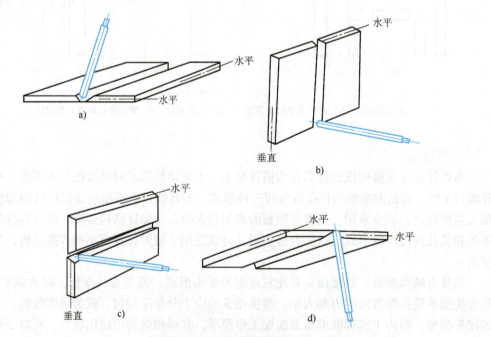

图 1-27 空间位置的焊缝

a) 平焊缝　b) 立焊缝　c) 横焊缝　d) 仰焊缝

2. 按焊缝接合形式的不同分类

分为对接焊缝、角焊缝和塞焊缝，如图 1-28 所示。

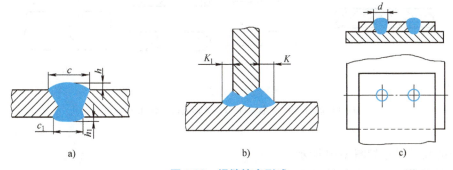

图 1-28　焊缝接合形式

a）对接焊缝　b）角焊缝　c）塞焊缝

3. 按焊缝断续情况不同分类

（1）**定位焊缝**　焊前为装配和固定构件接缝的位置而焊接的短焊缝称为定位焊缝。

（2）**连续焊缝**　即沿接头全长连续焊接的焊缝。

（3）**断续焊缝**　沿接头全长焊接成具有一定间隔的焊缝称为断续焊缝。它又可分为并列断续焊缝和交错断续焊缝。

三、焊缝符号

设计人员设计的结构或制品要由生产人员准确无误地制造出来，就必须把结构或制品的施工条件等内容详细地在设计文件即设计说明书和设计图样中表述清楚。把焊接接头的焊接加工要求和注意事项用图形或文字详细地加以说明是非常复杂的，而采用各种代号和符号，可以简单明了地指出焊接接头的类型、形状、尺寸、位置、表面形状、焊接方法及与焊接有关的各项条件。国家标准 GB/T 324—2008《焊缝符号表示法》对设计图样上使用的焊缝符号、焊接方法代号等已做出明确规定。

四、焊接坡口

开坡口是为了保证电弧能深入焊缝根部，使根部焊透，以及便于清除熔渣，获得较好的焊缝成形，而且开坡口的大小和形状能起到调节母材金属与填充金属比例的作用。

1. 选择坡口应遵循的原则

1）能够保证工件焊透，且便于焊接操作。如在容器内部不便焊接的情况下，要采用单面坡口并在容器的外面焊接。

2）坡口形状容易加工。

3）尽可能提高焊接生产率和节省焊接材料。

4）尽可能减少焊后工件的变形。

2. 坡口形式及选择

焊接接头的坡口形式，按形状不同分为基本型、组合型及特殊型三类。基本坡口形式有 I 形坡口、V 形坡口、X 形坡口和 U 形坡口，如图 1-29 所示。其他类型的坡口是在基本坡口形式上发展起来的。应根据焊件的厚度、接头类型选择适当的坡口形式和坡口尺寸，选择时参照国家标准 GB/T 985.1—2008《气焊、焊条电弧焊、气体保护焊和高能束焊的推荐坡口》及 GB/T 985.2—2008《埋弧焊的推荐坡口》。

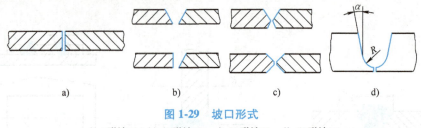

图 1-29 坡口形式

a) I 形坡口　b) V 形坡口　c) X 形坡口　d) U 形坡口

坡口的几何尺寸如图 1-30 所示。

（1）**坡口面**　焊件上的坡口表面称为坡口面。

（2）**坡口面角度 α 及坡口角度**　焊件表面的垂直面与坡口面之间的夹角称为坡口面角度，两坡口面之间的夹角称为坡口角度。开单面坡口时，坡口角度等于坡口面角度，开双面对称坡口时，坡口角度等于两倍的坡口面角度。

（3）**根部间隙**　焊前在接头根部之间预留的空隙称为根部间隙。

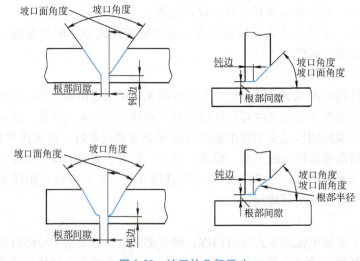

图 1-30 坡口的几何尺寸

（4）**钝边**　焊件开坡口时，沿焊件接头坡口根部的端面直边部分称为钝边，它在焊接时能避免焊件烧穿。

（5）**根部半径**　在 J 形、U 形坡口底部的圆角半径即根部半径。

为适应焊接工艺的特殊要求，可将基本坡口进行组合，以形成比较特殊的焊缝坡口。如厚壁圆筒形容器的环缝采用内壁焊条电弧焊、外壁埋弧焊的焊接工艺，为减少焊条电弧焊的工作量，筒体内壁可采用较浅的 V 形坡口，而外壁为减少埋弧焊的工作量，采用 U 形坡口，如图 1-31 所示。

3. 坡口制备

坡口制备质量的高低，对后续装配和焊接的影响很大，必须高度重视。坡口制备可采用刨边机、坡口机、车床等冷加工方法完成，也可采用气割或等离子弧切割等热加工方法来完成。在用热加工方法开坡口时，最好采用自动或半自动切割机，以保证坡口面的光滑平整，有利于后续的焊接工序。采用手工气割开坡口时，应使用角向磨光机打磨及修整。

碳素钢和标准抗拉强度下限值不大于540MPa的低合金钢，可采用冷加工或热加工方法制备坡口。

耐热型低合金钢和高合金钢、标准抗拉强度下限值大于540MPa的强度型低合金钢，宜采用冷加工方法制备坡口。坡口的形式和尺寸确定以后，坡口的加工精度对接头的焊接质量与焊接经济性的影响很大。要确保加工精度，应避免因坡口加工精度造成的焊接缺陷。

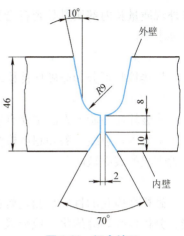

图1-31 组合坡口

4. 坡口的清理

1）清理坡口的目的是清除坡口表面上的油、铁锈、水分及其他有害杂质，以保证焊接质量。

2）清理坡口时，可采用机械方法或化学方法将坡口表面及两侧10mm（焊条电弧焊）或20mm（埋弧焊、气体保护焊）范围内的污物清理干净。

第六节　常见焊接缺陷及其检验

一、焊接检验的意义

焊接检验的目的是检验焊接缺陷，判断焊缝质量，为避免不合格品出厂提供依据。焊接检验也可以评定焊接工艺的正确性，方便及时改进焊接技术。焊接检验应贯穿于焊接生产的全过程，以避免焊接产品最后报废，进而减少原材料和工时的浪费。

二、焊接检验的过程

焊接检验的过程由焊前检验、焊接过程中的检验和焊后产品检验三个阶段组成。

1. 焊前检验

焊前检验的目的是通过对焊前准备的检查，预先防止和减少焊接时产生缺陷的可能性。

焊前检验的主要内容有：焊接产品图样和焊接工艺规程等技术文件是否齐备；母材及焊条、焊丝、焊剂、保护气体等焊接材料是否符合设计及工艺规程的要求；焊接坡口的加工质量和焊接接头的装配质量是否符合图样要求；焊接设备及其辅助工具是否完好；焊工是否具有上岗资格等。

2. 焊接过程中的检验

焊接过程中检验的目的是防止缺陷的形成和及时发现缺陷。主要检验内容有：焊接设备的运行情况是否正常；焊接参数是否正确；焊接夹具在焊接过程中的夹紧情况是否牢固；多层焊过程中对夹渣、气孔、未焊透等缺陷进行自检；焊接顺序及施焊方向是否正确；热处理工艺参数是否运用得当等。

3. 焊后产品检验

焊后产品检验的目的是确保产品的焊接质量，以保证其安全服役。主要检验内容有：焊缝外观质量及内部质量是否符合要求；产品（结构）的整体形状、尺寸及承载能力是否达到要求等。

三、焊接检验的分类

焊接检验可分为非破坏性检验和破坏性检验两类。

1. 非破坏性检验

非破坏性检验的方法主要有射线检测、超声检测、磁粉检测、渗透检测、密封性检验和耐压试验等。射线检测和超声检测主要检验焊缝内部的焊接缺陷，磁粉检测和渗透检测主要检验焊缝的表面缺陷。

2. 破坏性检验

破坏性检验的目的是测定焊接接头、焊缝金属的强度、塑性和冲击吸收能量等力学性能；分析检查焊缝的化学成分及金相组织等，以确定它们是否可以满足产品设计或使用要求，并验证所选用的焊接工艺、焊接材料正确与否。检验所用的试件是从焊件上切取的，或以产品的整体破坏做试验。破坏性检验包括力学性能试验、化学分析及试验、金相检验、焊接性试验等。

四、焊接缺陷的概念

焊接过程中，在焊接接头中产生的金属不连续、不致密或连接不良的现象称为焊接缺陷。在焊接产品中要获得无缺陷的焊接接头，在技术上是相当困难的，也是不经济的。为了满足焊接产品的使用要求，应该把缺陷控制在一定的范围之内，使其对焊接产品的运行不致产生危害。

焊接缺陷的种类很多，按其在焊缝中的位置不同，可分为外部缺陷和内部缺陷。外部缺陷位于焊缝表面，用肉眼或低倍放大镜就可以看到，或用着色等检测方法能够显示出来；内部缺陷位于焊缝内部，可用超声检测、射线检测或破坏性检验方法发现。

金属熔焊接头缺陷可分为六大类，即裂纹、孔穴、固体夹杂、未熔合和未焊透、形状缺陷及其他缺陷（其定义参见标准 GB/T 3375—1994）。常见焊接缺陷及特征见表 1-5。常见焊接缺陷的影响因素见表 1-6。

表 1-5 常见焊接缺陷及特征

缺陷种类	特征
焊缝外形尺寸及形状	焊缝外形尺寸(如长度、宽度、余高、焊脚尺寸等)不符合要求,焊缝成形不良
咬边	焊件表面上焊缝金属与母材交界处形成凹下的沟槽或凹陷
焊瘤	焊缝边缘或焊件背面焊缝根部存在未与母材熔合的金属堆积物
凹坑	焊缝末端收弧处的熔池未填充满,在凝固收缩后形成凹坑
气孔	即存在于焊缝金属内部表面的孔穴
夹渣	即焊后残留在焊缝中的宏观非金属夹杂物
未焊透	焊接接头根部未完全熔透
未熔合	在母材与焊缝金属或焊缝层间有局部未完全熔化结合的部分(与裂纹等同对待)
裂纹	即存在于焊缝金属或热影响区内部或表面的缝隙

表 1-6　常见焊接缺陷的影响因素

类别	名称	材料因素	工艺因素	结构因素
热裂纹	结晶裂纹	①焊缝金属中的合金元素含量高 ②焊缝金属中的 P、S、C、Ni 含量较多 ③焊缝金属中 Mn、S 的含量比不合适	①焊接热输入过大，使焊缝区的过热倾向增加，晶粒长大，引起结晶裂纹 ②熔深与熔宽比过大 ③焊接顺序不合适，焊缝不能自由收缩	①焊缝附近的刚度较大，如大厚度、高拘束度的构件 ②接头形式不合适，如熔深较大的对接接头和各种角焊缝（包括搭接接头、T 形接头和外角接焊缝）抗裂性差 ③接头附近的应力集中（如密集、交叉的焊缝）
热裂纹	熔化裂纹	母材中的 P、S、B 含量较多	①热输入过大，使过热区晶粒粗大，晶界熔化严重 ②熔池形状不合适，凹度太大	①焊缝附近的刚度较大，如大厚度、高拘束度的构件 ②接头附近的应力集中，如密集、交叉的焊缝
热裂纹	高温失塑裂纹		热输入过大，使温度过高，容易产生裂纹	
冷裂纹	氢致裂纹	①钢中的碳或合金元素含量增高，使淬硬倾向增大 ②焊接材料中的含氢量较高	①接头熔合区附近的冷却时间小于出现铁素体（800~500℃）的临界冷却时间，热输入过小 ②未使用低氢焊条 ③焊接材料未烘干，坡口及焊件表面有水分、油污及铁锈 ④焊后未进行保温处理	①焊缝附近的刚度较大，如材料的厚度大、拘束度高 ②焊缝布置在应力集中区 ③坡口形式不合适，如 V 形坡口的拘束应力较大
冷裂纹	淬火裂纹	①钢中的碳或合金元素含量增高，使淬硬倾向增大 ②对于多组元合金的马氏体钢，焊缝中出现块状铁素体	①对于冷裂倾向较大的材料，预热温度未作相应的提高 ②焊后未立即进行高温回火 ③焊条选择不合适	
冷裂纹	层状撕裂	①焊缝中出现片状夹杂物（硫化物，硅酸盐和氧化铝等） ②母材基体组织硬脆或产生时效脆化 ③钢中的含硫量过多	①热输入过大，使拘束应力增加 ②预热温度较低 ③焊根存在裂纹	①接头设计不合理，拘束应力过大（如 T 形角焊、角接头和贯通接头） ②拉应力沿板厚方向作用

(续)

类别	名称	材料因素	工艺因素	结构因素
再热裂纹		①焊接材料的强度过高 ②母材中 Cr、Mo、V、B、S、P、Cu、Nb、N 的含量较高 ③热影响区粗晶区域的组织未得到改善（未减少或消除马氏体组织）	①回火温度不够高,持续时间过长 ②焊趾处形成咬边而导致应力集中 ③焊接顺序不对,使焊接应力增大 ④焊缝的余高导致近缝区的应力集中	①结构设计不合理,造成应力集中（如对接焊缝和角焊缝重叠） ②坡口形式不合适,导致较大的拘束应力
气孔		①熔渣的氧化性增加时,由 CO 引起气孔的倾向增加;当熔渣的还原性增加时,则氢气孔的倾向增加 ②焊件或焊接材料不清洁（有铁锈、油类或水分等杂质） ③与焊条、焊剂的成分及保护气体的气氛有关 ④焊条偏心,药皮脱落	①当电弧功率不变、焊接速度增大时,增加了产生气孔的倾向 ②电弧电压太高（即电弧过长） ③焊条、焊剂在使用前未进行烘干 ④使用交流电源易产生气孔 ⑤气体保护焊时,气体流量不合适	仰焊、横焊易产生气孔
夹渣		①焊条和焊剂的脱氧、脱硫效果不好 ②熔渣的流动性差 ③在原材料的夹杂中硫含量较高及硫的偏析程度较大	①电流大小不合适,熔池搅动不足 ②焊条药皮成块脱落 ③多层焊时,层间清渣不够 ④操作不当	立焊、仰焊易产生夹渣
未熔合			①焊接电流小或焊接速度快 ②坡口或焊道有氧化皮、焊渣及氧化物等高熔点物质 ③操作不当	
未焊透		焊条偏心	①焊接电流小或焊接速度太快 ②焊条角度不对或运条方法不当 ③电弧太长或电弧偏吹	坡口角度太小,钝边太厚,间隙太小
形状缺陷	咬边		①焊接电流过大或焊接速度太慢 ②在立焊、横焊和角焊时,电弧太长 ③焊条角度和摆动不正确或运条方法不当	立焊、仰焊易产生咬边

第一章　电弧焊基本知识

（续）

类别	名称	材料因素	工艺因素	结构因素
形状缺陷	焊瘤		①焊接参数不当或电压过低,焊接速度不合适 ②焊条角度不对或电极未对准焊缝 ③运条方法不正确	坡口太小
	烧穿和下塌		①电流过大,焊接速度太慢 ②垫板托力不足	①根部间隙过大 ②薄板或管子的焊接易产生烧穿和下塌
	错边		①装配不正确 ②焊接夹具质量不高	
	角变形		①焊接顺序对角变形有影响 ②在一定范围内,热输入增加,则角变形也增加 ③反变形量未控制好 ④焊接夹具质量不高	①角变形程度与坡口形状有关,如对接焊缝V形坡口的角变形大于X形坡口 ②角变形与板厚有关,板厚为中等时,角变形最大;厚板、薄板的角变形较小
	焊缝尺寸形状不符合要求	①熔渣的熔点和黏度太高或太低都会导致焊缝尺寸、形状不合要求 ②熔渣的表面张力较大,不能很好地覆盖焊缝表面,使焊纹粗、焊缝高、表面不光滑	①焊接参数不合适 ②焊条角度或运条方法不当	坡口不合适或装配不均匀
其他缺陷			①坡口外引弧 ②接地不良或电气接线不好	

五、焊缝外观检查

1. 检查的标准或依据

焊缝外观质量检查的依据，主要包括有关的国家标准、专业标准、产品技术条件以及考试规则等文件。在上述几类标准或文件中，对焊缝外形尺寸的容许范围、各种表面缺陷的大小和数量，是否允许存在，以及检测手段都有明确的规定。

2. 外形和尺寸的检查

通常借助于焊工常用的测量工具对焊缝的外形尺寸进行检查。常用的焊缝外形测量工具有：焊缝万能量规（又称焊口检测器）、钢直尺、游标卡尺、样板及通用量具。检查时，用肉眼或用低倍（5~10倍）放大镜观察焊件，以发现焊缝表面的缺陷，如气孔、表面裂纹、

29

咬边、焊瘤、烧穿及焊缝尺寸偏差、焊缝变形等。检查前须将焊缝附近 10~20mm 范围内母材表面上的飞溅及污物清除干净。对于淬硬倾向比较大的合金钢,应检查两次,即焊接之后检查一次,经过 15~30 天以后再检查一次,以便查看是否有延迟裂纹出现。

3. 形状缺陷的评定

经外观检查的焊缝,应能达到以下要求:

1)焊接接头的坡口形式与尺寸的要求须符合国家标准 GB/T 985.1—2008 的规定。焊缝外形尺寸的要求见表 1-7。

表 1-7 焊缝外形尺寸的要求　　　　　　　　　　(单位:mm)

焊接方法	焊缝余高		焊缝余高差		焊缝宽度	
	平焊	其他位置	平焊	其他位置	每边比坡口增宽值	宽度差
手工焊、半自动焊	0~3	0~4	≤2	≤3	0.5~2.5	≤3
自动焊	0~3①	0~3	≤2	≤2	2~4	≤2

① 对于厚度≥24mm 的埋弧焊试件,可取 0~4mm。

对于 I 形坡口焊件,焊缝的直线度误差(指焊缝中心线扭曲或偏斜)应不大于 2mm,焊缝宽度差应不大于 2mm,每边比坡口增宽值可不测量。

管板试件的焊缝凸度或凹度应不大于 1.5mm;骑座式管板试件的焊脚尺寸为 $\delta+(3~6)$mm;插入式管板试件的焊脚尺寸为 $\delta+(2~4)$mm,如图 1-32、图 1-33 所示。

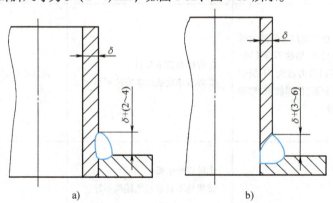

图 1-32　管板试件焊脚尺寸示意图
a) 插入式管板试件　b) 骑座式管板试件

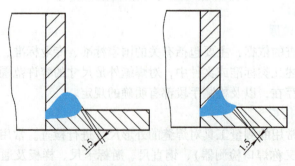

图 1-33　管板试件焊缝凹凸度示意图

2）焊件焊后的变形角度应不大于3°，错边量应不大于10%δ，如图1-34所示。

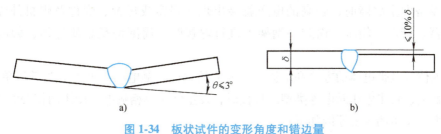

图1-34 板状试件的变形角度和错边量
a）试件的变形角度 b）试件的错边量

3）焊缝表面不允许存在裂纹、未熔合和焊瘤等。焊条电弧焊表面的咬边、未焊透和背面凹坑应不超过表1-8中的规定。

表1-8 手工焊和半自动焊焊缝关于咬边、未焊透和背面凹坑的规定

缺陷名称	允许的最大尺寸
咬边	深度≤0.5mm；焊缝两侧咬边总长度：板状试件不超过焊缝有效长度的15%，管状试件或管板试件不超过焊缝长度的20%
未焊透	深度≤15%δ，且深度≤1.5mm；总长度不超过焊缝有效长度的10%（氩弧焊打底的试件不允许未焊透）
背面凹坑	当δ≤6mm时，深度≤25%δ，且深度≤1mm；当δ>6mm时，深度≤20%δ，且深度≤2mm；除仰焊位置的板状试件不做规定外，总长度不超过焊缝有效长度的10%

第七节　焊接安全和文明生产

在焊接过程中，焊工要与电、可燃及易爆的气体、易燃的液体、压力容器等接触，有时还要在高处、水下、容器设备内部等特殊环境中作业，焊接过程中还会产生有害气体、烟尘、电弧光的辐射、焊接热源（电弧、气体火焰）的高温及高频磁场、噪声和射线等污染。如果焊工不熟悉相应的安全操作规程，不注意污染控制，不重视劳动保护，就可能引起触电、灼伤、火灾、爆炸、中毒、窒息等事故，因此，必须高度重视焊接安全和文明生产。

一、安全用电常识

在电弧焊时，作业人员接触电的机会多，如更换焊条，移动、调节焊接设备、焊钳、电缆等。在进行焊条电弧焊时，若绝缘防护不好或违反安全操作规程，则容易发生触电伤亡事故，特别是在潮湿情况下或梅雨季节、夏季、在狭窄的空间内焊接等；等离子弧焊、切割等更容易发生触电事故。因此，预防焊接时发生的触电事故，对保护工作人员的安全具有十分重要的意义。

1. 触电事故及原因

触电事故是电弧焊操作的主要危险。因为电弧焊设备的空载电压一般都超过安全电

压,而且焊接电源与380V/220V的电力网路连接。一般我国常用的焊条电弧焊电源的空载电压,弧焊变压器为55~80V,弧焊整流器为50~90V。在移动和调节电焊设备、更换焊条或者设备发生故障时,较高的电压就会出现在焊钳或焊枪、焊件及焊机外壳上,尤其是在容器、管道、船舱、锅炉和钢架上进行焊接时,周围都是金属导体,触电危险性更大。

按照人体触及带电体的方式和电流通过人体的途径,触电的类型可分为低压单相触电、低压两相触电、跨步电压触电等类型。焊接时,发生低压单相触电、低压两相触电的事故较多。触电事故发生的主要原因如下:

1）更换焊条、电极和焊接操作时,手或身体某部位接触到焊条、焊钳或焊枪的带电部分,而脚或身体其他部位对地和金属结构之间无绝缘防护。在金属容器、管道、锅炉、船舱或金属结构上工作,或当身上大量出汗,或在阴雨天、潮湿地点焊接,或焊工未穿绝缘鞋的情况下,尤其容易发生这种触电事故。

2）在接线、调节焊接电流和移动焊接设备时,手或身体某部位碰触到接线柱、极板等带电体而触电。

3）在登高焊接作业时触及低压线路或靠近高压网路而引起触电。

4）电焊设备的机壳漏电,人体碰触机壳而触电。

机壳漏电的原因主要有:线圈潮湿,绝缘部分损坏;焊机长期超负荷运行或短路时间过长,致使绝缘性能降低、焊机烧损而漏电;焊机遭受振动、碰击,使绝缘部分损坏;工作现场混乱,掉进金属物品造成短路。

5）由于电焊设备或线路发生故障而引起的事故。如焊机火线与零线接错,使机壳带电,人体碰触机壳而触电。

2. 电流对人体的伤害形式

电流对人体的伤害形式有电击、电伤、电磁场生理伤害。电击是指电流通过人体内部,破坏心脏、肺部及神经系统的功能,严重时可导致死亡。电伤是指电流的热效应、化学效应或机械效应对人体的伤害,主要是间接或直接的电弧烧伤、熔化金属溅出烫伤等。电磁场生理伤害是指在高频电磁场的作用下,使人呈现头晕、乏力、记忆力减退、失眠和多梦等神经系统失调的症状。严重的触电事故基本上是指电击,绝大部分触电死亡事故是由电击造成的。对于低压系统来说,在电流较小和通电时间不长的情况下,电流引起人的心室颤动是电击致死的主要原因。

3. 影响电击严重程度的因素

影响电击严重程度的因素主要有:流经人体的电流强度;电流通过人体的持续时间;电流通过人体的途径;电流的频率;人体的健康状况等。

（1）流经人体的电流强度 流经人体的电流强度越大,引起心室颤动所需的时间越短,致命危险性越大。工频交流约50mA的电流流经人体时,在较短的时间内就会危及生命。因此,在有防止触电的保护装置条件下,人体允许的电流一般按30mA考虑。通过人体的电流强度的大小取决于外加电压和人体电阻。当皮肤潮湿多汗、带有导电性粉尘、加大与带电体的接触面积和压力、皮肤破损时,人体的电阻都会下降。由于人体电阻的不确定性,流经人体的电流强度不可能事先计算出来，为确定安全条件，不按安全电流而以安全电压来估计。对于比较干燥而触电危险性较大的环境，安全电压为30~45V，我国规定安全电压为36V；对于潮湿而触电危险性较大的环境，安全电压为19.5V，我国规定安全电压为12V；对于水下或其他由于触电会导致严重二次事故的环境，安全电压为3.25V，国际电工标准会议规定为2.5V以下。安全电压能限制触电时通过人体的电流在较小的范围之内，从而保障人身安全。

(2) 电流通过人体的持续时间　电流通过人体的持续时间越长，触电危险性越大。人的心脏每收缩扩张一次，中间有0.1s的间歇时间，在0.1s的间歇时间里，心脏对电流最为敏感，如果通过电流的持续时间超过1s，则必然与心脏的间歇时间重合，从而引起心室颤动，造成触电事故。另一方面，电流通过人体的时间越长，人体电阻由于出汗等原因而降低，触电危险性越大。

(3) 电流通过人体的途径　手到脚是电流通过人体的危险途径，因为从手到脚电流通过心脏、肺部、中枢神经系统，电击危险性最大。其次是手到手的电流途径，再其次是脚到脚的电流途径。

(4) 电流的频率　电流的频率不同，对人体的伤害程度也不同。通常采用的工频电流对人体的伤害最大。频率偏离这个范围，则电流对人体的伤害减小，如频率在1000Hz以上时，伤害程度明显减轻。但高压高频电的危险性还是很大的，如6~10kV、500Hz的设备也有电击致死的危险。

(5) 人体的健康状况　不同的身体状况及精神状态对触电伤害承受的程度是不同的。患有心脏病、结核病、精神病及内分泌器官疾病及醉酒的人，触电引起的伤害程度更加严重。

4. 触电的预防和急救常识

1）焊工要掌握有关电的基本知识，以及预防触电和触电后的急救方法等知识，并严格遵守安全操作规程，防止触电事故的发生。

2）遇到焊工触电时，应先迅速切断电源，不可空手去拉触电者，如果切断电源后触电者呈昏迷状态，应立即对其实施人工呼吸，直至送到医院为止。

3）推拉电源开关或接触带电物体时，手应干燥，且必须单手进行，以防止电流通过双手构成回路而造成触电事故。

4）在光线昏暗的场地或容器内操作时，使用的工作照明灯的安全电压应不大于36V；高空作业或在特别潮湿的场所作业时，其安全电压不超过12V。

5）焊工的工作服、手套和绝缘鞋应保持干燥。

6）在潮湿场地工作时，应用干燥的木板或橡胶板等绝缘物作垫板。

二、预防火灾和爆炸的安全知识

焊接操作需要与可燃、易爆物质和压力容器接触，同时又使用明火，因此存在着发生火灾和爆炸的危险。这类事故不仅能炸毁设备、容易造成重大伤亡事故，有时甚至引起厂房倒塌，影响生产的顺利进行，造成生命、财产的重大损失。因此，预防焊接时发生的火灾和爆炸事故，对保护人身安全和国家财产具有重要意义。

焊接作业时，火灾和爆炸的主要事故对象为焊接设备，生产检修中的焊接动火对象，动火点附近的易燃、易爆物品等。因此，焊接作业时，为了防止火灾及爆炸事故的发生，必须采取以下一些安全措施：

1) 焊接前应认真检查工作场地周围是否有易燃、易爆物品（如棉纱、油漆、汽油、煤油、木屑等），如有易燃、易爆的物品，应将其搬离焊接场地10m以外或采取有效的隔离措施。

2) 在焊接作业时，应注意防止金属火花飞溅而引起火灾。

3) 严禁设备在带压时焊接或气割，带压设备要先解除压力（卸压），并打开所有孔盖后方可焊接或气割；未卸压的设备严禁焊接操作；常压而密闭的设备也不允许进行焊接作业。

4) 凡被化学物质或油脂污染的设备，都需清洗后再进行焊接。如果是易燃、易爆或者有毒的污染物，更应彻底清洗，经有关部门检查，并填写动火证后，才能进行焊接或气割。

5) 在进入容器内工作时，焊接或气割工具应随焊工同时进出，严禁将焊接或切割工具放在容器内而焊工擅自离去，以防止混合气体燃烧和爆炸。

6) 焊条头及焊后的焊件不能随便乱扔，要妥善管理，更不能扔在易燃、易爆物品的附近，以免发生火灾。

7) 离开施焊现场时，应关闭电源、气源，并将火种熄灭。

三、预防有害气体和烟尘中毒的安全知识

焊接作业时，焊工周围的空气常被一些有害气体及烟尘所污染，如氧化锰、氧化锌、氟化氢、一氧化碳和金属蒸气等。焊工长期呼吸这些烟尘和气体，对身体健康是不利的，因此应采取下列措施：

1) 焊接场地应有良好的通风，以便及时排出焊接形成的烟尘和有毒气体。可通过正确调节车间的侧窗和天窗，加强自然通风，或利用风机进行强制机械通风。

2) 合理组织劳动布局，避免多名焊工拥挤在一起操作。

3) 在容器内或狭小的地方进行焊接作业时，应充分注意通风排气工作。通风应用压缩空气，严禁使用氧气。

4) 尽量扩大埋弧焊的使用范围，以代替焊条电弧焊。

四、预防辐射的安全知识

焊接作业时，接触的辐射主要包括可见光、红外线、紫外线三种辐射。过强的可见光耀眼炫目；眼部受到红外线辐射时，会感到强烈的灼伤和灼痛，发生闪光幻觉；紫外线对眼睛和皮肤有较大的刺激性，能引起电光性眼炎。电光性眼炎的症状是眼睛疼痛、有沙粒感、多泪、畏光、怕风吹等，但电光性眼炎经治愈后一般不会留任何后遗症。皮肤受到紫外线辐射时，先是痒、发红、触痛，以后变黑、脱皮。如果工作时注意防护，以上症状是可以避免的。焊接作业时，应采取以下措施预防弧光辐射：

1) 焊工必须使用有电弧防护玻璃的面罩。

2) 面罩应轻便、形状合适、耐热、不导电、不导热、不漏光。

3）焊工工作时，应穿白色帆布工作服，防止弧光灼伤皮肤。

4）操作引弧时，焊工应注意周围的工人，以免强烈的弧光伤害他人的眼睛。

5）在厂房内和人多的区域进行焊接时，尽可能地使用防护屏，避免周围的人受弧光伤害。

6）重力焊或装配定位焊时，要特别注意弧光的伤害，因此要求焊工或装配工应戴防光眼镜。

五、劳动保护知识

焊接劳动保护就是指为保障职工在劳动生产过程中的安全和健康而采取的一些相应措施。焊接劳动保护应贯穿于焊接工作的各个环节。针对劳动保护采取的措施很多，但主要应从以下几方面着手：

1. 改进工艺

提高焊接机械化、自动化程度；推广采用单面焊双面成形工艺；采用水槽式等离子弧切割台或水射流切割技术；用无污染或污染较少的焊接方法（如埋弧焊和电阻焊等）来代替污染较严重的焊接方法（如焊条电弧焊、二氧化碳气体保护焊、氩弧焊和等离子弧焊等），这些方法对消除或减少污染、避免或减轻职业危害都是十分有利的。

2. 改变焊条

焊条电弧焊产生的烟尘和有害气体都来自焊条的药皮，即焊条药皮是该焊接方法的污染源。因而，改变焊条、减少发尘量和烟尘中致毒物质的含量应从焊条药皮着手，这对减少或消除焊接污染、提高劳动保护是有直接意义的。例如，用低锰焊条代替高锰焊条，可减少烟尘中致毒物质（锰）的含量；采用低尘、低毒的碱性焊条代替普通焊条，可减少总发尘量和烟尘中致毒物质的含量。

3. 实行密闭化生产

所谓密闭化生产，就是将污染源控制在一定的空间里，不让污染物向周围散发，从而起到劳动保护的作用。例如，可将等离子弧堆焊工艺置于密闭罩内进行，密闭罩可用屏蔽材料制成，并连接排风系统，将弧光、有害气体、电焊烟尘限制在罩内，防止任意散发，再通过排风除尘系统进行妥善处理。

4. 使用个人防护用品

在焊接过程中，焊接操作人员必须穿戴个人防护用品，例如工作服、工作帽、电焊面罩（或送风头盔）、护目镜、电焊手套、专用口罩、绝缘鞋及套袖等。进行高空焊接作业时，还需要戴安全帽、安全带等。所有的安全防护用品必须符合国家标准。焊接操作人员要正确使用这些防护用品，不得随意穿戴，这也是加强焊工自我防护、加强焊接劳动保护的主要措施。

5. 采用通风除尘系统

在焊接过程中，焊接烟尘和有害气体是危害焊工健康的主要因素之一。因此，施焊现场的通风除尘是焊接劳动保护极为重要的内容。焊接的通风除尘是通过通风系统向车间送入新鲜空气，或将作业区域内的有害烟尘排出，从而降低作业区域空气中的烟尘及有害气体的浓度，使其符合国家卫生标准，进而达到改善作业环境、保护焊工健康的目的。

> 榜样的故事

精研技艺　气焊薄铝

——第十四届中华技能大奖获得者　富奥汽车零部件
股份有限公司泵业分公司　丁照民

薄铝类金属焊接难度高，极易焊穿，而在丁照民手中，厚度不超 0.3mm 铝制品上的小孔也可以实现气焊焊补。钻研技艺、博采众长、攻克难题……从业近 40 年，丁照民先后获得全国技术能手、全国劳动模范、第十四届中华技能大奖等荣誉。

1986 年，丁照民进厂成为焊工学徒，每天上班，先从师父那里拿两包焊条。一包焊条 120 根左右，丁照民要求自己一天内要全部焊完，手酸到吃饭都没劲夹菜。1987 年，丁照民参加工厂技能比赛。焊工一般 3 年出徒，但他却在 40 多名焊工中拿到了第三名。此后，丁照民自修了机械制造设计大专及本科课程，还自学了铆、钳、锻等技术。凭借钻、韧、勤、悟的劲头，迅速成长为精通焊、铆、钳、锻等多个工种，并熟谙机械制造设计的复合型高技能人才，被誉为生产线上的"千手观音"。

凭借高超全面的技能技术，丁照民先后编制了 10 余种焊接工艺，自主研发工位器具 150 件，设计制造设备防护装置 300 余台，累计完成创新成果 600 多项，申报多项国家专利，总计创效 1000 余万元。他培养出优秀技工 400 多名，以精绝之技、奉献之魂，为企业节本增效、行业创新发展、加强产业工人队伍建设做出了突出贡献。

"一个人再能耐，作用也有限。装备制造业要想发展得好、东北老工业基地要想振兴，离不开技艺的传承。"怀抱这份强烈的社会责任感，丁照民不遗余力地带徒弟、传绝技，既将看家本领和多年积累的宝贵经验倾囊相授，又格外注重培养青工们"始终如一对零件负责"的精细作风。工作之余，丁照民还受聘承担辽源市技师学院教学工作，针对不同水平的学员，他因材施教、精心指导，使该校焊接专业毕业生的初级工职业技能鉴定通过率由 40% 猛升到 80% 以上。迄今为止，丁照民已先后带出 400 多名优秀学员，培养出 2 名省级首席技师、9 名高级技师、16 名技师。

作为新时代的技术工人，丁照民以永不褪色的初心、永不停歇的脚步，在平凡的岗位上真情诠释了工匠精神的内涵，勾勒出一名复合型金牌蓝领的绚丽人生轨迹。

第二章 典型焊接接头焊条电弧焊实作

第一节 焊条电弧焊概述

一、焊条电弧焊

1. 基本概念

焊条电弧焊是指用手工操纵焊条进行焊接的电弧焊方法。它是各种电弧焊方法中发展最早、目前仍然应用最广、也是最基础的一种焊接方法。

焊条电弧焊示意图如图 2-1 所示。

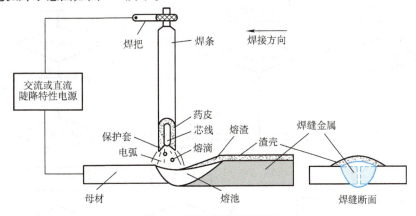

图 2-1 焊条电弧焊示意图

2. 焊条电弧焊的优点

（1）**设备简单，维护方便** 焊条电弧焊可用交流电焊机或直流电焊机进行焊接，装卸设备都比较简单，投资少，而且维护方便。

（2）**操作灵活** 在空间任意位置的焊缝，凡是焊条能够达到的地方均能够进行焊接。

（3）**应用范围广** 选用合适的焊条不仅可以焊接低碳钢、低合金钢、高合金钢、有色（非铁）金属等同种金属，而且还可以焊接异种金属；还可以在普通碳素钢上堆焊具有耐磨、耐蚀等特殊性能的材料，在造船、锅炉及压力容器、机械制造、矿山机械、化工设备等方面得以广泛应用。

（4）**工艺适用性强** 对于不同种类的焊条及不同厚度的焊件，可以选择不同的焊接参数进行焊接。

3. 焊条电弧焊的缺点

（1）**对焊工要求高** 焊条电弧焊的焊接质量除了与选择合适的焊条、焊接参数及焊接设备相关，主要靠焊工的操作技术和经验来保证。在相同的工艺条件下，一名操作技术水平高、经验丰富的焊工能焊出外形美观、质量优良的焊缝，而一名操作技术水平低、没有经验的焊工焊出的焊缝可能不合格。

（2）劳动条件差　焊条电弧焊主要依靠焊工的手工操作控制焊接的全过程，所以在整个焊接过程中，焊工处在手脑并用、精力高度集中的状态，而且受到高温烘烤，在有害的烟尘环境中工作。过多吸入焊接过程中的烟尘对焊工的健康不利，因此，必须加强劳动保护。

（3）生产率低　焊条电弧焊是手工劳动，辅助时间较长，如更换焊条、清理焊渣、打磨焊缝等，焊材利用率不高，熔敷率较低，难以实现机械化和自动化，所以生产率较低。

二、焊条电弧焊的操作程序

焊条电弧焊的操作程序如图 2-2 所示。

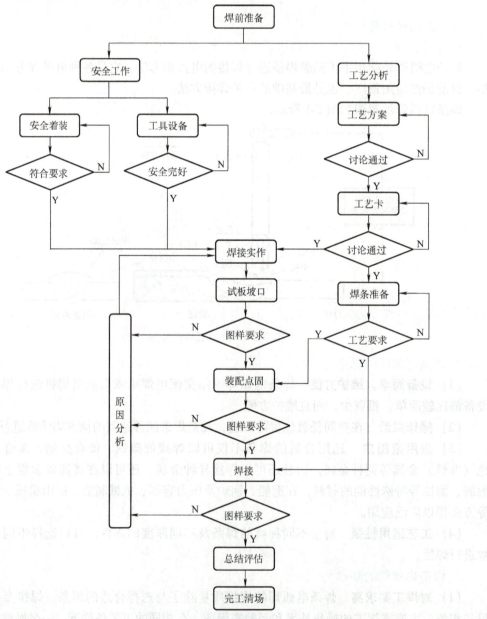

图 2-2　焊条电弧焊的操作程序图

在焊接技能实训中,应认真按照操作程序进行,养成良好的职业习惯,培养严格的工艺纪律。

三、焊条

焊条是涂有药皮,在电焊时熔化填充在焊接工件接合处的金属条。

1. 焊条的作用和组成

焊条电弧焊时,焊条既作为电极传导电流而产生电弧,为焊接提供所需热量,又在熔化后作为填充金属过渡到熔池,与熔化的母材金属熔合,凝固后形成焊缝。

焊条的优劣是决定焊条电弧焊焊缝质量的主要因素之一。焊条不仅影响电弧的稳定性,而且直接影响焊缝的化学成分和力学性能。因此,焊条必须具备以下特点:引弧容易,稳弧性好,对熔化金属有良好的保护作用,便于形成满足要求的焊缝。

焊条由焊芯和药皮组成。焊条的构造如图2-3所示。焊条前端药皮有45°左右的倒角,以便于引弧;尾部有15~25mm长的裸焊芯,称为夹持端,用于焊钳夹持并利于导电。焊条直径系指焊芯直径,是焊条的重要尺寸,一般有ϕ1.6mm、ϕ2.0mm、ϕ2.5mm、ϕ3.2mm、ϕ4.0mm、ϕ5.0mm、ϕ6.0mm、ϕ8.0mm八种规格。焊条的长度依焊条直径而定,一般为200~650mm。生产中应用最多的是ϕ3.2mm、ϕ4.0mm、ϕ5.0mm三种,长度分别为350mm、400mm和450mm。

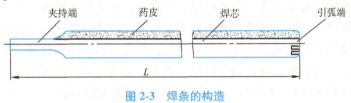

图2-3 焊条的构造

(1) 焊芯 焊芯的作用,一是传导电流,维持电弧;二是熔化后作为填充金属进入焊缝。

焊条电弧焊时,焊芯在焊缝金属中占50%~70%,焊芯的成分直接决定了焊缝的成分与性能。

(2) 药皮 焊条药皮是指压涂在焊芯表面上的涂料层。药皮在焊接过程中起到如下作用:

1)帮助电弧引燃,促进电弧稳定燃烧。

2)通过产生的气体和熔渣,保护焊缝金属不被氧化和不受空气的影响。

①气体保护。药皮中的有机物及碳酸盐在电弧高温下产生中性或还原性气体并笼罩着电弧和熔池区,避免其与空气接触。

②熔渣保护。在电弧的高温下,药皮中的某些物质熔化,形成一层熔点低、黏度适中、密度小的熔渣覆盖在焊缝表面,避免焊缝与空气接触,防止焊缝氧化,并能使焊缝缓慢冷却,有利于焊缝中的气体逸出,减少气孔产生的可能性。

3)冶金反应。熔化焊接的过程就是一个小冶炼的过程。焊条电弧焊时,药皮中的合金元素在熔池中能起到脱氧、脱硫、脱磷、脱氮等精炼作用,从而改善焊缝金属的性能;同时,药皮中添加的合金元素能补充一部分被烧损的合金元素,利用药皮中的合金元素过渡到焊缝中,可改善焊缝成分,提高焊缝性能。

2. 焊条的分类及型号

(1) 焊条的分类

1) 按焊条的用途分类。根据国家标准，焊条可分为非合金钢焊条、热强钢焊条、不锈钢焊条、铝及铝合金焊条、堆焊焊条、铜及铜合金焊条、铸铁焊条、镍及镍合金焊条等，见表2-1。

表 2-1 焊条分类

类　型	代　号	类　型	代　号
非合金钢焊条	E	堆焊焊条	ED
热强钢焊条	E	铜及铜合金焊条	ECu
不锈钢焊条	E	铸铁焊条	EC
铝及铝合金焊条	E	镍及镍合金焊条	ENi

2) 根据药皮熔化后的熔渣特性，可将焊条分成酸性焊条和碱性焊条两类。这两类焊条的工艺性能、操作注意事项和焊缝质量有较大的差异，因此，必须熟悉它们的特点。

① 酸性焊条：焊接时形成的熔渣的主要成分是酸性氧化物。酸性焊条突出的优点是价格较低、焊接工艺性好、容易引弧、电弧稳定、飞溅小、对弧长不敏感、对油锈不敏感、焊前准备要求低、焊缝成形好等。这类焊条的缺点是形成的熔渣的氧化性比较强，容易使合金元素氧化；不能有效地清除熔池中的硫、磷等杂质；焊缝金属产生偏析的可能性较大；出现热裂纹的倾向较高；焊缝金属的冲击韧度较低。因此，此类焊条广泛用于一般的焊接结构。此类焊条的典型型号有 E4303、E5003。它可用于交、直流焊接电源。

② 碱性焊条：碱性焊条形成的熔渣的主要成分是碱性氧化物。焊缝金属中合金元素较多，硫、磷等杂质较少，因此，焊缝的力学性能，特别是冲击韧度较好，故这类焊条主要用于焊接重要的焊接结构。碱性焊条突出的缺点是价格稍贵、焊接性较差、引弧困难、电弧稳定性差、飞溅大、必须采用短弧焊、焊缝外形稍差、鱼鳞纹较粗等。另外，此类焊条对油、水、铁锈等很敏感。如果焊前焊接区没有清理干净，或焊条未完全烘干，在焊接时就会产生气孔。此类焊条的典型型号有 E4315、E5015。碱性焊条不加稳弧剂时只能采用直流电源焊接。

3) 根据药皮的主要化学成分，可将焊条分为钛型焊条、钛钙型焊条、钛铁矿型焊条、氧化铁型焊条、纤维素型焊条、低氢型焊条、石墨型焊条、盐基型焊条等。

(2) 非合金钢焊条型号的表示方法　非合金钢焊条的型号以国家标准 GB/T 5117—2012《非合金钢及细晶粒钢焊条》为依据，根据熔敷金属的力学性能、药皮类型、焊接位置和电流类型等来划分。具体表示方法如下：

1) 第一部分用字母 "E" 表示焊条。

2) 第二部分为字母 "E" 后面的紧邻两位数字，表示熔敷金属的最小抗拉强度代号。

3) 第三部分为字母 "E" 后面的第三和第四两位数字，表示药皮类型、焊接位置和电流类型。

4) 第四部分为熔敷金属的化学成分分类代号，可为 "无标记" 或短划 "-" 后的字母、数字或字母和数字的组合。

5）第五部分为熔敷金属的化学成分代号之后的焊后状态代号，其中"无标记"表示焊态，"P"表示热处理状态，"AP"表示焊态和焊后热处理两种状态均可。

除以上强制分类代号，根据供需双方协商，可在型号后依次附加可选代号：

1）字母"U"，表示在规定试验温度下，冲击吸收能量可以达到47J以上。

2）扩散氢代号"HX"，其中X代表15、10或5，分别表示每100g熔敷金属中扩散氢含量的最大值（mL）。

例如：E4315

其中　E——表示焊条；

　　　43——表示熔敷金属抗拉强度的最小值为430MPa；

　　　15——表示药皮类型为碱性，适用于全位置焊接，采用直流反接。

3. 非合金钢焊条的选择和使用

（1）非合金钢焊条的选用原则

1）等强度原则。非合金钢焊条一般按焊缝与母材等强度的原则选用，但是要注意以下问题：

①应按照母材的抗拉强度等级来选择抗拉强度等级相同的焊条。

②对于焊接结构刚度大、受力情况复杂的工件，选用焊条时，应考虑焊缝的塑性，可选用比母材抗拉强度低一级的焊条。

2）焊条药皮性质的确定（药皮的酸、碱性）。在焊条的抗拉强度等级确定后，再决定选用酸性焊条或碱性焊条，一般要考虑以下几方面的因素：

①当接头坡口表面难以清理干净时，应采用氧化性强、对铁锈和油污等不敏感的酸性焊条。

②在容器内部或通风条件较差的条件下，应选用焊接时析出有害气体少的酸性焊条。

③当母材中的碳、硫、磷等元素含量较高，而焊件形状复杂、结构刚度大且厚度大时，应选用抗裂性好的碱性低氢型焊条。

④当焊件承受振动荷载时，除保证抗拉强度外，应选用塑性和韧性较好的碱性焊条。

⑤在酸性焊条和碱性焊条均能满足性能要求的前提下，应尽量选用工艺性能较好的酸性焊条。

3）焊条的焊接位置。焊接部位为空间任意位置时，必须使用能进行全位置焊接的焊条；焊接部位始终是向下立焊时，可以选用专门向下立焊的焊条或其他专门焊条。

4）经济性和效率。在满足焊接工艺要求的前提下，尽可能选择价廉物美和能提高效率的焊条。

（2）非合金钢焊条的使用　为了保证焊缝的质量，在使用非合金钢焊条前须对焊条烘干处理并进行外观检查。

1）焊条的外观检查。对焊条进行外观检查是为了避免由于使用不合格的焊条而造成焊缝质量不合格。外观检查包括是否偏心、焊芯是否存在锈蚀、药皮是否有裂纹和脱落，若出现上述情况，则该焊条不宜或不能使用。

2）焊条的烘干

①烘干的目的。受潮的焊条在使用中是很不利的，不仅会使焊接性变差，而且影响焊接质量，容易产生氢致裂纹、气孔等缺陷，造成电弧不稳定、飞溅增多、烟尘增大等。因此，焊条在使用前必须烘干，特别是碱性焊条。

②烘干温度。不同品种的焊条要求不同的烘干温度和保温时间。非合金钢焊条的烘干温度和保温时间见表2-2。

表2-2 非合金钢焊条的烘干温度和保温时间

非合金钢焊条类型	烘干温度/℃	保温时间/h
酸性焊条	75~150	1~2
碱性焊条	350~400	1~2

焊条的烘干

③烘干方法及要求。焊条应放在正规的远红外烘干箱内进行烘干，而不能在炉子上烘烤，也不能用气焊、火焰直接烧烤。烘干焊条时，禁止将焊条直接放入高温炉内或从高温炉中突然取出冷却，以防止焊条因骤冷骤热而产生药皮开裂、脱落，应缓慢加热、保温、缓慢冷却。经烘干的碱性焊条最好放入另一个温度控制在80~100℃的低温烘箱内存放，随取随用。烘干焊条时，焊条不应成堆或成捆堆放，应铺成层状，$\phi 4mm$ 焊条不超过三层，$\phi 3.2mm$ 焊条不超过五层，否则，焊条叠起太厚将造成温度不均匀或局部过热而使药皮脱落，而且也不利于排除潮气。焊接重要产品时，每个焊工应配备一个焊条保温筒，施焊时，将烘干的焊条放入保温筒内，筒内温度保持在50~60℃，还可放入一些硅胶，以免焊条再次受潮。焊条烘干一般可重复2~3次。

(3) 非合金钢焊条的保管　焊条管理的好坏对于焊接质量有直接的影响。因此，焊条的储存、保管也很重要。

1）各类焊条必须分类、分型号存放，避免混淆。

2）焊条必须存放在通风良好、干燥的库房内。重要焊接工程使用的焊条，特别是低氢型焊条，最好储存在专用库房内。库房要保持一定的湿度和温度，建议温度为10~25℃，相对湿度为60%以下。

3）储存焊条时必须垫高，与地面和墙壁的距离均要大于0.3m，使上下左右空气流通，以防受潮变质。

4）为防止破坏包装及药皮脱落，搬运和堆放时不得乱摔、乱砸，应小心轻放。

5）为防止焊条受潮，尽量做到现用现拆包装，并且做到先入库的焊条先使用，以免存放时间过长而受潮变质。

四、焊接参数

焊条电弧焊的焊接参数包括：焊条的种类、牌号和直径，焊接电流的种类、极性和大小，电弧电压，焊接层数等。选择合适的焊接参数，对提高焊接质量和生产率十分重要。

1. 焊条种类和牌号的选择

主要根据母材的性能、接头的刚性和工作条件来选择焊条。焊接一般的碳钢和低合金钢结构时，主要是按等强度原则选择焊条的强度级别，一般可选用酸性焊条，重要结构选用碱性焊条。

2. 焊接电源种类和极性的选择

通常根据焊条的类型选择焊接电源的种类，除低氢型焊条必须采用直流反接外，所有酸性焊条通常采用交流或直流电源均可以进行焊接。当选用直流电源时，焊厚板宜采用直流正接（即工件接正极），焊薄板时宜采用直流反接（即工件接负极），如图 2-4 所示。

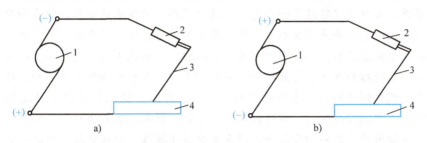

图 2-4　直流电源极性
a）直流正接　b）直流反接
1—电源　2—焊钳　3—焊条　4—工件

3. 焊条直径的选择

为提高生产率，尽可能地选用直径较大的焊条；但直径过大的焊条焊接时，容易造成未焊透或焊缝成形不良等缺陷。选用焊条直径时应考虑焊件的位置及厚度，平焊位置或厚度较大的焊件应选用直径较大的焊条，较薄的焊件应选用直径较小的焊条。另外，焊接同样厚度的 T 形接头时，选用的焊条直径应比焊对接接头选用的焊条直径大。

4. 焊接电流的选择

焊接电流是焊条电弧焊最重要的焊接参数。焊接电流越大，熔深越大（焊缝宽度和余高变化均不大），焊条熔化快，焊接效率高。但焊接电流太大时，飞溅和烟尘大，药皮易发红和脱落，而且容易产生咬边、焊瘤、烧穿等缺陷；若焊接电流太小，则引弧困难，焊条容易粘连在焊件上，电弧不稳，熔池温度低，焊缝窄而高，熔合不好，且易产生夹渣、未焊透等缺陷。

选择焊接电流时，主要考虑的因素有以下几方面：

（1）焊条直径　焊条直径越大，焊接电流越大。每种直径的焊条都有一个最合适的电流范围，可以根据选定的焊条直径用下面的经验公式计算焊接电流，即

$$I = (35 \sim 55)d$$

式中　I——焊接电流（A）；
　　　d——焊条直径（mm）。

（2）焊接位置　在平焊位置焊接时，可选择偏大些的焊接电流。横、立、仰焊位置焊接时，焊接电流应比平焊位置时的小 10%～20%。

（3）焊道层次　通常焊接打底焊道时，特别是焊接单面焊双面成形的焊道时，使用较小的焊接电流才便于操作和保证背面焊道的质量；焊接填充焊道时，为提高效率，保证熔合好，通常使用较大的焊接电流；而焊接盖面焊道时，为防止咬边和获得较美观的焊道，使用的电流应稍小些。

关键技术点拨

以上所述只是选择焊接电流的一些基本原则和方法，在实际焊接过程中，焊工应根据焊接工艺试验的结果，并结合自己的实践经验来选择焊接电流。通常焊工根据焊条直径推荐的电流范围，或根据经验选定一个电流，通过试焊，看熔池的变化、熔渣和金属液的分离情况、飞溅大小、焊条是否发红、焊缝成形是否美观、脱渣性是否好等，从而选定焊接电流。当焊接电流合适时，焊接引弧容易，电弧稳定，熔池温度较高；熔渣比较稀且漂浮在表面，并向熔池后面集中；熔池较亮，表面稍下凹，且很平稳地向前移动；焊接过程中的飞溅较少，能听到很均匀、柔和的"嘶嘶"声；焊后焊缝两侧圆滑地过渡到母材，鱼鳞纹均匀漂亮，两侧熔合良好。当焊接电流太小时，根本不能形成焊道。如果选用的焊接电流太大，焊接时的飞溅和烟尘很大，焊条药皮成块脱落，焊条发红，电弧吹力大，熔池有一个很深的凹坑，表面很亮，容易烧穿、产生咬边，焊机由于负载过重，可听到明显的"哼哼"声，且焊缝鱼鳞纹粗糙。

5. 电弧电压

电弧电压主要影响焊缝的宽窄，电弧电压越高，焊缝越宽。但是在采用焊条电弧焊时，焊缝的宽度主要靠焊条的横向摆动幅度来控制，因此电弧电压的影响不明显。

当焊接电流调好后，电焊机的外特性曲线就确定了。实际上，电弧电压由弧长来决定。电弧越长，电弧电压越高；电弧越短，电弧电压越低。电弧太长时，电弧燃烧不稳，飞溅大，容易产生咬边、气孔等缺陷；若电弧太短，容易粘焊条。通常，电弧长度等于焊条直径的 0.5~1 倍，相应的电弧电压为 16~25V。采用碱性焊条时，电弧长度应为焊条直径的一半；采用酸性焊条时，电弧长度应等于焊条直径。

6. 焊接速度

焊接速度就是单位时间内完成的焊缝长度。焊条电弧焊在保证焊缝具有所要求的尺寸和外形且熔合良好的原则下，焊接速度由焊工根据具体情况灵活掌握。重要结构的焊接常常要规定每根焊条的最小焊接长度。

7. 焊接层数的选择

在焊接厚板时，必须采用多层焊或多道焊。多层焊的前一条焊道对后一条焊道起预热作用，而后一条焊道对前一条焊道起热处理作用（退火和正火），有利于提高焊缝金属的塑性和韧性。每层焊道的厚度不能大于 4~5mm。

五、焊接电弧的引燃

1. 引燃电弧的条件

引燃电弧的条件是存在两个电极，且两个电极之间存在一定的电流和电压。

2. 引弧操作分析

操作时，姿势很重要，需找准引弧位置，身心放松，精力集中；操作时的动作主要是手腕运动，动作幅度不能过大（影响引弧位置的准确性）。

3. 引弧的操作技术

焊条电弧焊常用的引弧方法为接触引弧，即先使电极与焊件短路，再迅速拉开电极引燃电弧。根据操作手法不同，又可分为以下几种：

1)直击法。使焊条与焊件表面垂直地接触,当焊条的末端与焊件表面轻轻一碰,便迅速提起焊条,并保持一定距离(3~4mm),即可引燃电弧,如图2-5所示。操作时,必须掌握好手腕上、下动作的时间和距离。

2)划擦法。先将焊条末端对准焊件,然后将焊条在焊件表面划擦一下,当电弧引燃后趁金属还没有开始大量熔化的一瞬间,立即使焊条末端与被焊表面的距离维持在3~4mm的距离,电弧就能稳定地燃烧,如图2-6所示。操作时,手腕顺时针方向旋转,使焊条端头与焊件接触后再离开。

引弧时,如果发生焊条和焊件粘在一起的情况,只要将焊条左右摇动几下,就可使焊条脱离焊件;如果这时还不能脱离焊件,就应立即将焊钳放松,使焊接回路断开,且不能立即用手去拔下焊条,待焊条稍冷后再拆下。如果焊条粘住焊件的时间过长,则会因过大的短路电流而使电焊机烧坏。引弧时,手腕动作必须灵活和准确。引弧要求准确率和成功率,所以练习时最好设定引弧的位置,而不能随意在钢板上乱划。

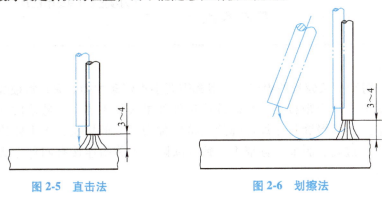

图2-5 直击法   图2-6 划擦法

引弧

六、运条

在焊接过程中,焊条相对焊缝所做的各种动作的总称称为运条。常用的运条方法见表2-3。

表2-3 常用的运条方法

运条方法	运条示意图	适用范围
直线形运条法	→	1)3~5mm厚度、不开坡口对接平焊 2)多层焊的第一层焊道 3)多层多道焊
直线往返形运条法		1)薄板焊 2)对接平焊(间隙较大)
锯齿形运条法		1)对接接头(平焊、立焊、仰焊) 2)角接接头(立焊)
月牙形运条法		

(续)

运条方法		运条示意图	适用范围
三角形运条法	斜三角形		1) 角接接头（仰焊） 2) 对接接头（开坡口横焊）
	正三角形		1) 角接接头（立焊） 2) 对接接头
圆圈形运条法	斜圆圈形		1) 角接接头（平、仰焊） 2) 对接接头（横焊）
	正圆圈形		对接接头（厚焊件平焊）
八字形运条法			对接接头（厚焊件平焊）

七、焊缝的连接

焊条电弧焊时，对于一条较长的焊缝，一般都需要多根焊条才能焊完；每根焊条焊完后更换焊条时，焊缝就有一个衔接点。在焊缝连接处如果操作不当，极易造成气孔、夹渣及外形不良等缺陷。后焊焊缝与先焊焊缝的连接处称为焊缝的接头，接头处的焊缝应当力求均匀，防止产生过高、脱节、宽窄不一致等缺陷。焊缝的连接有四种方式，如图2-7所示。

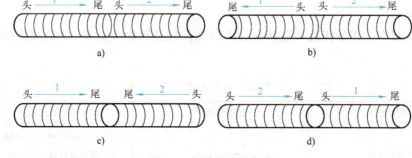

图 2-7　焊缝的连接方式
a) 头、尾连接　b) 头、头连接　c) 尾、尾连接　d) 尾、头连接
1—先焊焊缝　2—后焊焊缝

1. 中间接头（头、尾连接）

后焊焊缝从先焊焊缝收尾处开始焊接。这种接头最好焊，操作适当时几乎看不出接头。一般在前段焊缝弧坑前10mm附近引燃电弧，把弧坑里的熔渣向后赶并略微拉长电弧，预热连接处，然后回移至弧坑处，压低电弧，等填满弧坑后再转入正常焊接并向前移动。换焊条的动作要快，不要使弧坑过分冷却，因为在热态衔接可以使衔接处的外形美观。

2. 相背接头（头、头连接）

两段焊缝在起焊处接在一起。要求先焊焊缝起焊处稍低，后焊焊缝在先焊焊缝起焊处前

10mm 左右引弧，然后稍拉长电弧，并将电弧移至衔接处，覆盖住先焊焊缝的端部，待熔合好后再向焊接方向移动。焊前段焊缝时，在起焊处焊条要移动快些，使焊缝在起焊处略低一些。为使衔接处平整，可将先焊焊缝的起焊处用角向磨光机磨成斜面后再进行焊接。

3. 相向接头（尾、尾连接）

两段焊缝在收尾处接在一起。当后焊焊缝焊到先焊焊缝的收尾处时，应降低焊接速度，将先焊焊缝的弧坑填满后，以较快的速度向前焊一段，然后熄弧。这种衔接同样要求前段焊缝收尾处略低些，使衔接处焊缝的高低、宽窄均匀。若先焊焊缝在收尾处太高，为了保证衔接处平整，可预先将收尾处的焊缝打磨成斜面。

4. 分段退焊接头（尾、头连接）

后焊焊缝的收尾与先焊焊缝的起焊处接在一起。要求先焊焊缝起焊处较低，最好呈斜面；后焊焊缝至先焊焊缝始端时，改变焊条角度，将前倾改为后倾，使焊条指向先焊焊缝的始端；然后拉长电弧，待形成熔池后，再压低电弧并往返移动，最后返回至原来的熔池收弧处。

八、焊缝的收尾

焊缝的收尾不仅是为了熄灭电弧，还要将电弧坑填满。收尾一般有以下三种方法。

1. 划圈收尾法

在焊接厚板时，当焊条焊至焊缝终点，应使焊条末端做圆圈运动，直到熔滴填满弧坑再拉断电弧，如图 2-8 所示。

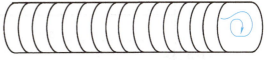

图 2-8 划圈收尾法

2. 反复断弧收尾法

在大电流焊接和焊接薄板时，当焊条焊至焊缝终点，应在弧坑上做数次反复熄弧、引弧，直到填满弧坑为止，如图 2-9 所示。

3. 回焊收尾法

在使用碱性焊条焊接时，焊条焊至焊缝终点即停止运条，但不熄弧，此时适当改变焊条角度，如图 2-10 所示，焊条由位置 1 转到位置 2，待填满弧坑后再转到位置 3，然后慢慢地拉断电弧。

焊缝的收尾

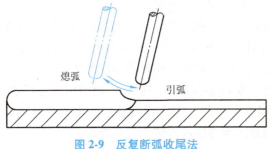

图 2-9 反复断弧收尾法

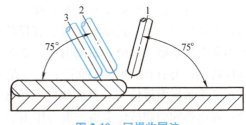

图 2-10 回焊收尾法

在熟练掌握引弧、运条、焊缝连接及收尾等基本技能的前提下，再实施后面的各训练项目。

第二节 焊条电弧焊基础训练项目

项目一 板对接平焊实作

一、项目任务

按图 2-11 的要求,学习板对接平焊的基本操作技能,完成工件实作任务。

具体要求:掌握板对接平焊的技术要求及操作要领;会制订板对接平焊的装焊方案,会选择板对接平焊的焊接参数,并编制简单的工艺卡(附录 B);按焊接安全、清洁和环境要求及焊接工艺完成焊接操作,制作出合格的板对接平焊工件,并达到评分标准(附录 C)的相关质量要求。

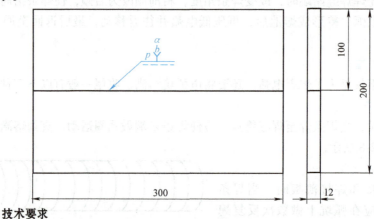

技术要求

焊接方法:焊条电弧焊;接头形式:板对接接头;焊接位置:平焊;试件材质与规格:Q235A;焊缝根部间隙 $b = 3.2 \sim 4.0$;钝边 $p = 0.5 \sim 1$;坡口角度 $\alpha = 60° \pm 2°$。

图 2-11 板对接平焊施工图

二、项目分析

板对接平焊操作相对容易,是板状试件、管状试件和其他位置的操作基础。

单面焊双面成形的用途:在锅炉和压力容器的焊接生产中,由于封闭的容器内不能进去焊接,同时为了保证焊缝的强度,只能采用单面焊双面成形的焊接技术。

单面焊双面成形的操作较难掌握。焊接操作时,要避免焊穿,而单面焊双面成形要求在背面形成焊缝,也就是要有控制、有目的地让部分电弧在熔池前端形成"穿透性的小孔",但熔融金属不能从焊缝背面流出去。要在背面形成焊缝,只有在焊接第一层时才能实现,即打底焊道;要有合适的装配间隙;由于是单面焊,所以要控制好变形,一般采用反变形法,其反变形量需掌握恰当。打底焊时,熔孔不易观察和控制,焊缝背面易造成未焊透或未熔合;在电弧吹力和熔化金属的重力作用下,背面易产生焊瘤或焊缝超高等缺陷。

填写焊缝分析表(附录 A)。

三、项目实施

1. 安全检查

劳保用品穿戴规范且完好无损;清理工作场地,不得有易燃、易爆物品(要仔细检查,不能麻痹大意）；检查焊机和所使用的电动工具；焊接电缆、焊钳、面罩等工具完好，焊把线接地良好；操作时，必须先戴面罩然后才开始操作，避免电弧光直射眼睛；在实作过程中督促和检查劳保用品的穿戴、安全操作规程的执行情况。

2. 焊前准备

钢板表面清理干净，不能有铁锈、油污等杂质。焊机准备好，地线接好，调试焊机。场地需清理，焊把线应理顺，保持整洁。对试板的清洁度、试板尺寸进行检查（按图样及技术要求）。

3. 选择焊接参数

见表 2-4。

表 2-4 板对接平焊焊接参数

焊道分布	焊条型号	焊接层次		焊条直径/mm	焊接电流/A	电源极性
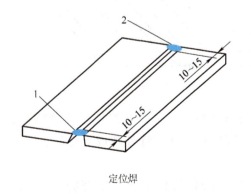	E5015 经 350~400℃ 烘干。保温 1~2h，随取随用	装配点固		3.2	110~120	直流反接
		打底（第 1 道）	连弧法	3.2	80~90	
			灭弧法	3.2	110~120	
		填充层（第 2 或第 3 道）		3.2	115~125	
		盖面（第 4 道）		3.2	105~115	

4. 实施装配与焊接

操作要领如下：

（1）装配与点固　用与正式焊接同样的焊条在焊件两端坡口内侧进行点固，定位焊焊缝长为 10~15mm；装配间隙为 3.2~4mm，一头窄一头宽（以抵消焊缝的横向收缩而使焊缝末端间隙变小而不利于背面成形），针对角变形的反变形量为 3°~5°；错边量不大于 1mm，如图 2-12 所示。按图样及技术要求检查装配试板的尺寸。

定位焊

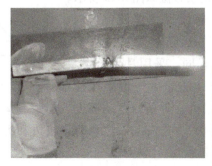
反变形

图 2-12　板对接平焊装配图

(2) 打底（第一层焊缝）焊 将装配好的试板放在用槽钢或角钢制作的工装上，使试板焊缝下面悬空。间隙窄的一端放在左侧，并从该侧开始焊接。操作采用连弧法或灭弧法，注意正式焊缝与定位焊焊缝的连接。连弧法，即锯齿形横向摆动，坡口两侧稍作停顿，短弧。灭弧法较为容易掌握和控制熔池，所以初学者一般先学习灭弧法。在焊接过程中注意观察、控制熔池和熔孔，尤其是熔孔，熔孔过大则背面易形成焊瘤，熔孔过小则背面不易成形。熔孔的大小可通过改变焊接速度、摆动频率和焊条角度调整。焊缝接头采用热接法或冷接法焊接。采用冷接法时，将弧坑处打磨成缓坡后再焊接，保证接头处的良好熔合和背面成形。打底焊如图 2-13 和图 2-14 所示。

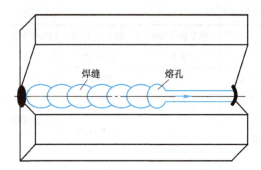

图 2-13 打底焊示意图（板对接平焊）

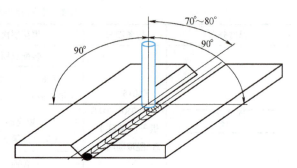

图 2-14 打底焊的焊条角度（板对接平焊）

(3) 中间层（填充层）焊接 填充层施焊前，先清除前道焊缝的焊渣、飞溅，并将焊缝接头的过高部分打磨平整。填充层焊接与打底焊相比，焊条摆动幅度大些，焊条与焊接方向成 60°~70°夹角，焊条与两侧试板保持垂直在坡口两侧停留时间稍长，应保证焊道平整并略下凹，第二道填充层焊缝的厚度应低于母材表面 0.5~1.5mm。填充层的焊缝接头最好采用热接法焊接。填充层焊接的运条方法如图 2-15 所示。

(4) 盖面焊 盖面施焊时，焊条的角度、运条和接头方法与填充层焊接时相同。采用月牙形或"之"字形运条（注意后焊道要压住前焊道 1/2 以上），焊条的摆动幅度、间距和运条速度要均匀，熔合好坡口两侧棱边，每侧增宽量为 0.5~1.5mm。注意防止咬边和夹渣等缺陷，使焊缝外观成形良好。

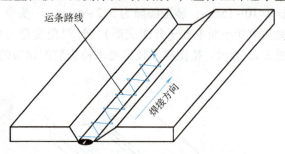

图 2-15 填充层焊接的运条方法（板对接平焊）

5. 清理现场

练习结束后必须整理工具和设备，关闭电源，清理场地，做到"工完场清"，并由值日生或指导教师检查，做好记录。

第二章 典型焊接接头焊条电弧焊实作

学习方法提示

注意交流总结。应针对当天的学习内容谈收获体会，重点针对自己在操作学习中出现的问题，与其他同学共同讨论和交流，用集体的智慧来解决疑问，最后由指导教师点评。将知识要点和训练中的体会记录下来，养成学习、思考、口述并笔记的良好习惯，这是学习并快速提高技术和技能水平的有效方法。

关键技术点拨

1. 单面焊双面成形的本质——电弧穿透打孔焊接

单面焊双面成形的关键是打底焊，如果打底焊操作不好，往往会影响背面成形的效果。初次接触单面焊双面成形时，往往出现这种状况：担心有装配间隙而导致焊穿或在背面形成焊瘤，所以操作起来胆小，背面焊缝常常不易成形，造成未焊透的缺陷。究其原因，是没有理解单面焊双面成形的本质——电弧穿透打孔焊接，一个电弧两面用，使弧柱的1/3在背面燃烧。背面焊缝成形的实质是穿过孔的电弧在背面焊接，从而形成焊缝。

为了保证背面能焊透，装配组对时都必须留有适当的间隙。根据不同的焊接位置和操作习惯，装配间隙在焊芯直径的0.8~1.1倍的范围内选取；连弧焊时，则在焊芯直径的0.7~1.0倍范围内选取。

由此可见，单面焊双面成形的关键是一弧两用、打孔焊接。

2. 焊条角度与电弧吹力的关系

电弧吹力的方向是焊条的轴线方向。焊条倾角增大，电弧吹力的水平分力减小，垂直分力增大；焊条倾角减小，则电弧吹力的水平分力增大，垂直分力减小。在单面焊双面成形打底焊时，利用焊条角度的调整，可以进行有效的熔池控制。当熔孔较大不易控制时，就可以减小焊条倾角，降低垂直分力，从而避免熔孔越焊越大。反之，当背面成形不明显时，则可以增大焊条倾角，增大垂直分力，使熔孔变大，在电弧吹力的作用下，熔融金属更容易流向焊缝的背面。通过焊条角度的变化和焊接速度的调整，可以控制熔孔尺寸，使熔孔的形状和大小始终能保持一致。

四、项目评价与总结

参照评分标准（附录C）进行检查。由学生自检、互检以及教师（或专职质检员）检查，并填写质量检查记录卡（附录D）。每天留出部分时间分小组交流讨论，分享各自的学习成果，共同进步。

项目二 板对接立焊实作

一、项目任务

按图2-16的要求，学习板对接立焊的基本操作技能，完成工件实作任务。

具体要求：掌握板对接立焊的技术要求及操作要领；会制订板对接立焊的装焊方案，会选择板对接立焊的焊接参数，并编制简单的工艺卡（附录B）；按焊接安全、清洁和环境要求及焊接工艺完成焊接操作，制作出合格的板对接立焊工件，并达到评分标准（附录C）的相关质量要求。

二、项目分析

板对接立焊时,主要难点在于熔滴和熔池金属在重力作用下容易下淌。为了减少和防止液态金属下淌而产生焊瘤,焊接时须采用较小的焊接参数。如果采用多层焊,层数则依据焊件的厚度来确定。在打底焊时,应选用直径较小的焊条和较小的焊接电流;对厚板采用小三角形运条法,对中厚板或较薄板可采用小月牙形或锯齿形跳弧运条法;各层焊缝都应及时清理焊渣,并检查焊缝质量。盖面焊的运条方法按所需焊缝高度的不同来选择,运条的速度必须均匀,在焊缝两侧稍作停留,这样有利于熔滴的过渡,防止产生咬边等缺陷。

填写焊缝分析表(附录A)。

三、任务实施

1. 安全检查

同本章项目一。

2. 焊前准备

同本章项目一。

3. 选择焊接参数

焊接参数见表2-5。

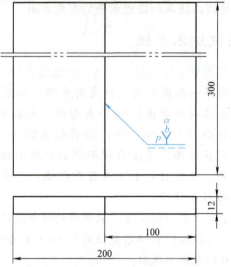

技术要求

焊接方法:焊条电弧焊;接头形式:板对接接头;
焊接位置:立焊(向上立焊);试件材质:Q235A;
根部间隙 $b=3.2\sim4.0$,$\alpha=60°\pm2°$,$p=0.5\sim1$。

图2-16 板对接立焊施工图

表2-5 板对接立焊焊接参数

焊道分布	焊条型号	焊接层次		焊条直径/mm	焊接电流/A	电源极性
		装配点固		3.2	110~120	
	E5015 经350~400℃ 烘干。保温1~ 2h,随取随用	打底 (第1道)	连弧法	3.2	80~90	直流反接
			灭弧法	3.2	110~120	
		填充层 (第2或第3道)		3.2	115~125	
		盖面 (第4道)		3.2	95~105	

4. 实施装配与焊接

操作要领如下：

（1）装配与点固 用与正式焊接同样的焊条在焊件两端坡口内侧进行点固，定位焊焊缝长为 10~15mm；装配间隙为 3.2~4mm，一头窄一头宽，反变形量为 3°~5°；错边量不大于 1mm，如图 2-17 所示，并对装配位置和定位焊质量进行检查。

板对接立焊单面焊双面成形

（2）打底焊 将焊件垂直固定在离地面一定距离的工装上，间隙小的一端在下，向上立焊。一般采用灭弧法（碱性焊条每分钟 50~60 次）打底焊。焊条与水平方向的夹角为 90°，与垂直方向的夹角为 80°~85°。在焊件下端定位焊缝处引弧，在定位焊点的尾部预热，采用直线与月牙形运条，注意控制熔孔和熔池的大小。合适的熔孔如图 2-18 所示，熔池表面呈水平

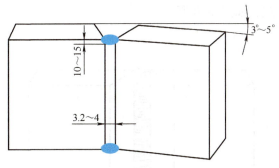

图 2-17 板对接立焊装配图

的椭圆形，使电弧的 1/3 对着坡口间隙，电弧的 2/3 覆盖在熔池上。注意控制有 1/2 的弧柱在焊缝的背面燃烧。

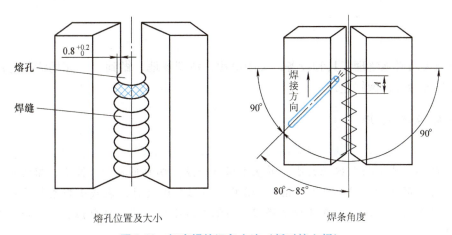

熔孔位置及大小　　　焊条角度

图 2-18 打底焊的运条方法（板对接立焊）

（3）焊缝接头 一般采用热接法焊接，换焊条要快。接头时，在弧坑下方 10mm 处引弧，摆动向上施焊；到原弧坑处时，焊条倾角大于正常焊接角度 10°，电弧向焊根背面压送，稍停留，根部被击穿并形成熔孔时，焊条倾角恢复到正常角度，然后横向摆动向上焊接。

（4）中间层（填充层）焊接 填充层施焊前，应彻底清除前道焊缝的焊渣、飞溅；焊缝接头过高部分打磨平整。填充层的焊接可以焊一层一道或二层二道。施焊时的焊条角度应比打底焊时下倾 10°~15°；采用月牙形或 "之"字形运条，在坡口两侧略作停顿，焊缝中间速度稍快；摆动幅度逐渐增大，在坡口两侧略停顿，稍加快焊条摆动速度；各层焊道应平整

或呈凹形。填充层焊缝的厚度应低于坡口表面 1~1.5mm。填充层焊接接头时，在弧坑上方 10mm 处引弧，电弧拉至弧坑处，沿弧坑的形状将弧坑填满，再正常焊接。填充层焊接的运条方法如图 2-19 所示。

(5) 盖面焊 盖面施焊时，焊条的角度、运条和接头方法与填充层焊接时相同。

电弧在坡口边缘稍微压低和停顿，稍微加快摆动速度，避免咬边和焊瘤的产生；接头处还应避免焊缝过高和脱节。运条时，焊条的摆动幅度和间距应均匀、一致，使焊缝成形更加美观，如图 2-20 所示。

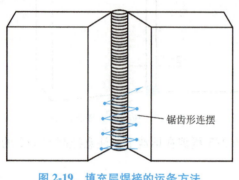

图 2-19 填充层焊接的运条方法
（板对接立焊）

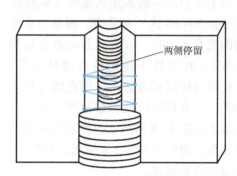

图 2-20 盖面焊的运条方法
（板对接立焊）

5. 清理现场

练习结束后必须整理工具和设备，关闭电源，清理场地，做到"工完场清"，并由值日生或指导教师检查，做好记录。

> ☞ **关键技术点拨**
>
> **板对接立焊的操作要领可以归纳为"一看、二听、三准"**
>
> 看：观察熔池形状和熔孔大小，并基本保持一致。熔池形状为椭圆形，熔池前端应有一个深入母材两侧坡口根部 0.5~1mm 的熔孔。当熔孔过大时，应减小焊条与试板的下倾角，让电弧多压往熔池，少在坡口上停留；当熔孔过小时，应压低电弧，增大焊条与试板的下倾角。
>
> 听：注意听电弧击穿坡口根部发出的"噗噗"声，如没有这种声音，就是没焊透。一般保持焊条顶端离坡口根部 1.5~2mm 为宜。
>
> 准：施焊时，熔孔的位置要把握准确。焊条的中心要始终对准熔池前端与母材的交界处，使每个熔池与前一个熔池搭接 2/3 左右，并始终保证弧柱有 1/3~1/2 在背面燃烧，以加热和击穿坡口根部，保证背面焊缝的熔合。

四、项目评价与总结

参照评分标准（附录 C）进行检查。由学生自检、互检以及教师（或专职质检员）检查，并填写质量检查记录卡（附录 D）。每天留出部分时间分小组交流讨论，分享各自的学习成果，共同进步。

项目三 板对接横焊实作

一、项目任务

按图 2-21 的要求,学习板对接横焊的基本操作技能,完成工件实作任务。

具体要求:掌握板对接横焊的技术要求及操作要领;会制订板对接横焊的装焊方案,会选择板对接横焊的焊接参数,并编制简单的工艺卡(附录 B);按焊接安全、清洁和环境要求及焊接工艺完成焊接操作,制作出合格的板对接横焊工件,并达到评分标准(附录 C)的相关质量要求。

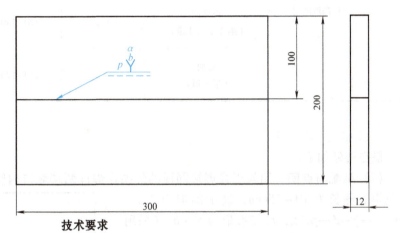

技术要求

焊接方法:焊条电弧焊;接头形式:板对接接头;焊接位置:横焊;
试件材质:Q235A;根部间隙 $b=3.2\sim4.0$;$\alpha=60°\pm2°$;$p=0.5\sim1$。

图 2-21 板对接横焊施工图

二、项目分析

板对接横焊与板对接立焊相似,焊接时熔滴和熔池金属在重力作用下容易下淌而产生焊瘤,焊接时也要采用较小的焊接参数。较厚板对接横焊的坡口一般为 V 形或 K 形(其特点是下板开 I 形坡口或坡口角度小于上板),这样有利于焊缝成形。板对接横焊也要注意采用反变形法防止焊接角变形。

填写焊缝分析表(附录 A)。

三、项目实施

1. 安全检查

同本章项目一。

2. 焊前准备

同本章项目一。

3. 选择焊接参数

焊接参数见表 2-6。

表 2-6　板对接横焊焊接参数

焊道分布	焊条型号	焊接层次		焊条直径/mm	焊接电流/A	电源极性
	E5015 经 350~400℃ 烘干，保温 1~ 2h，随取随用	点固		3.2	110~120	直流反接
		打底 （第 1 道）	连弧法	3.2	80~90	
			灭弧法	3.2	110~120	
		填充层 （第 2 或第 3 道）		3.2	120~140	
		盖面 （第 4 道）		3.2	110~120	

板对接横焊单面焊双面成形

4. 实施装配与焊接

操作要领如下：

（1）装配与点固　用与正式焊接同样的焊条在焊件两端坡口内侧进行点固，定位焊焊缝长为 10~15mm；装配间隙为 3.2~4mm，一头窄一头宽，反变形量为 5°~6°（采用多层多道焊接时，焊缝的横向收缩力较大）；错边量不大于 1mm，如图 2-22 所示，并对装配位置和定位焊质量进行检查。

（2）打底焊　焊件的焊缝与水平面平行，并固定在离地面一定距离（600mm 左右）的工装上；间隙小的一端在左，并从该端开始焊接；采用连弧法或灭弧法打底。连弧法严格采用短弧，熔孔熔入坡口上侧的尺寸略大于坡口，注意焊条在上侧坡口的停顿时间应稍长于下侧坡口，否则容易在坡口下侧形成焊瘤。采用灭弧法时，在上侧坡口引弧，向下侧运条，然后将电弧沿坡口侧后方拉熄，节奏稍慢，每分钟约 25~30 次，熔孔尺寸深入坡口两侧各 0.8~1mm。打底焊时，注意控制熔孔和熔池。电弧在上坡口根部停留时间应比在下坡口停留时间稍长，使上坡口根部熔化 1~1.5mm，下坡口根部熔化 0.5~1mm。电弧的 1/3 用来熔化和击穿坡口根部，电弧的 2/3 覆盖在熔池上，保持熔池形状均匀。

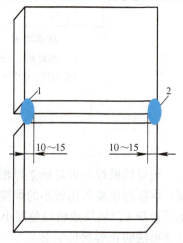

图 2-22　板对接横焊装配图

焊缝接头采用热接法或冷接法焊接。收弧时，焊条向焊接反方向的下坡口面回拉 10~15mm 逐渐抬起焊条，形成缓坡；在距弧坑前约 10mm 的上坡口面将电弧引燃，电弧移至弧坑前沿时，压向焊根背面，稍作停顿，形成熔孔后，电弧恢复到正常焊接角度，再继续施焊。冷接法焊接前，先将收弧处的焊缝打磨成缓坡，再按热接法的引弧位置和操作方法焊接。

打底焊的焊条角度如图 2-23 所示。焊条与下试板夹角为 70°～80°，与焊接方向夹角为 75°～85°。

（3）中间层（填充层）焊接　多层多道焊采用直线形运条。填充层施焊前先清除前道焊缝的焊渣、飞溅，注意分清铁液和熔渣，控制熔池形状、大小和温度，并将焊缝接头过高处打磨平整。

填充层焊接时，先焊下焊道，后焊上焊道。焊下面的填充焊道时，电弧对准前层焊道的下沿稍摆动，熔池压住焊道的 1/2～2/3；焊上面的填充焊道时，电弧对准前层焊道的上沿并稍作摆动，使坡口上侧与打底焊道的夹角处熔合良好，防止未焊透和夹渣，熔池填满空余位置。填充层焊缝焊完后，其表面应距下坡口表面约 2mm，距上坡口表面约 0.5mm。不要破坏坡口棱边。填充层焊接的焊条角度如图 2-24 所示。

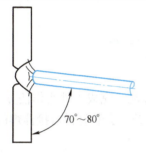

图 2-23　打底焊的焊条角度
（板对接横焊）

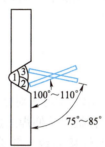

图 2-24　填充层焊接的焊条角度
（板对接横焊）

（4）盖面焊　与填充层的焊接基本相同。焊接过程中严格采用短弧，运条速度要均匀，并使坡口边缘熔合良好，防止咬边、未熔合和焊瘤等缺陷。盖面焊时，盖面层焊缝焊三道，由下向上焊接，每条盖面焊道要依次压住前焊道的 1/2～2/3。

上面最后一条焊道施焊时，适当增大焊接速度或减小焊接电流，并调整焊条角度，避免液态金属下淌和产生咬边，如图 2-25 所示。

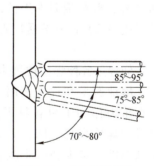

图 2-25　盖面焊的焊条角度（板对接横焊）

5. 清理现场

练习结束后必须整理工具和设备，关闭电源，清理场地，做到"工完场清"，并由值日生或指导教师检查，做好记录。

关键技术点拨

1. 横焊打底要领

先在施焊部位的上侧坡口面引弧，待根部钝边熔化后再将电弧带到下部钝边，形成第一个熔池后再打孔焊接，并立即采用斜椭圆（小斜环）运条法运条。因上坡口面受热条件好于下坡口面，故操作时电弧要照顾下坡口面的熔化，从上坡口到下坡口时，运条速度略慢，保证填充金属与焊件熔合良好（与下坡口）；从下坡口到上坡口时，运条速度略快，以防止熔池金属液下淌。焊接过程中应始终保持短弧焊接，将熔池金属液送到坡口根部，同时，电弧弧柱的 2/3 应保持在背面燃烧。

2. 横焊的左焊法

横焊操作时，由于熔融金属的重力作用，熔滴在向焊件过渡时容易偏离焊条轴线而向下偏斜，为避免熔池金属下溢过多，在操作中焊条除保持一定的下倾角外，还可采用左焊法，即从右边向左边焊接。焊条前倾角大于后倾角，使电弧热量转移向前边未焊焊道（同时预热前边未焊焊道，提高焊接速度和效率），减小输入熔池的电弧热量，加快熔池冷却，避免因熔池存在时间过长而导致熔滴下淌、形成焊瘤等缺陷。

四、项目评价与总结

参照评分标准（附录 C）进行检查。由学生自检、互检以及教师（或专职质检员）检查，并填写质量检查记录卡（附录 D）。每天留出部分时间分小组交流讨论，分享各自的学习成果，共同进步。

项目四 板对接仰焊实作

一、项目任务

按图 2-26 的要求，学习板对接仰焊的基本操作技能，完成工件实作任务。

具体要求：掌握板对接仰焊的技术要求及操作要领；会制订板对接仰焊的装焊方案，会选择板对接仰焊的焊接参数，并编制简单的工艺卡（附录 B）；按焊接安全、清洁和环境要求及焊接工艺完成焊接操作，制作出合格的板对接仰焊工件，并达到评分标准（附录 C）的相关质量要求。

二、项目分析

仰焊是各种焊接位置中最困难的一种，由于熔池倒悬在焊件下面，熔滴和熔池金属在重力作用下更容易下淌而形成焊瘤，且背面焊缝容易下凹。为了控制熔池的大小和温度，减少和防止液态金属下淌，除采用较小的焊接参数外，操作时还要借助焊条的电弧吹力将熔滴向上"顶推"（有一个向上"捅"的动作）。

填写焊缝分析表（附录 A）。

三、项目实施

1. 安全检查

同本章项目一。

2. 焊前准备

同本章项目一。

3. 选择焊接参数

焊接参数见表 2-7。

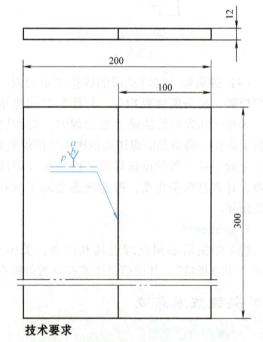

技术要求

焊接方法：焊条电弧焊；接头形式：板对接接头；焊接位置：仰焊；试件材质：Q235A；根部间隙 $b=3.2\sim4$，钝边 $p=0.5\sim1$，坡口角度 $\alpha=60°\pm2°$。

图 2-26 板对接仰焊施工图

表 2-7 板对接仰焊焊接参数

焊道分布	焊条型号	焊接层次		焊条直径/mm	焊接电流/A	电源极性
	E5015 经 350~400℃ 烘干。保温 1~ 2h，随取随用	点固		3.2	110~120	直流反接
		打底 （第 1 道）	连弧法	3.2	80~90	
			灭弧法	3.2	90~100	
		填充层 （第 2 或第 3 道）		3.2	100~110	
		盖面 （第 4 道）		3.2	90~100	

4. 实施装配与焊接

操作要领如下：

(1) 装配与点固 用与正式焊接同样的焊条在焊件背面两端进行点固，定位焊焊缝长为 10~15mm；装配间隙为 3.2~4mm，一头窄一头宽，反变形量为 3°~5°，错边量不大于 1mm，如图 2-27 所示，并对装配位置和定位焊质量进行检查。

(2) 打底焊 焊件的焊缝与水平面平行，处于焊工仰视位置，并固定在离地面一定距离（600mm 左右）的工装上，间隙小的一端在远端，且从该端开始焊接。采用灭弧法打底；焊条与左右试件之间的夹角为 90°，与焊接方向夹角为 70°~80°。接头采用热接法焊接；

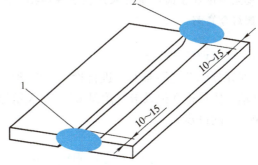

图 2-27 板对接仰焊装配图

严格采用短弧，灭弧频率为每分钟 25~30 次（即控制熔池存在的时间不能太长）；焊条向上顶深一些（保持较强的电弧穿透力，保证背面成形饱满，不至于下凹）。

(3) 中间层焊接 采用"之"字形运条，也可采用月牙形运条；焊条与左右试件之间夹角为 90°，与焊接方向夹角为 65°~75°。焊前必须将前道焊缝的焊渣清理干净；注意分清金属液和熔渣，并控制熔池的形状、大小和温度；使焊缝表面平整（焊接速度稍快，焊肉要薄，使之很快冷却而不会形成焊瘤）。仰焊的运条方法及焊条角度如图 2-28 所示。

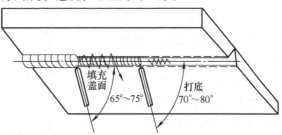

图 2-28 仰焊的运条方法及焊条角度

(4) 盖面焊 与中间层的焊接基本相同。焊接过程中应严格采用短弧，运条速度要均匀，焊条摆动的幅度和间距要均匀，在坡口边缘稍稍停顿，使坡口边缘熔合良好，防止咬边、未熔合和焊瘤等缺陷，如图 2-28 所示。

5. 清理现场

练习结束后必须整理工具和设备，关闭电源，清理场地，做到"工完场清"，并由值日生或指导教师检查，做好记录。

> **关键技术点拨**
>
> **板对接仰焊是"捅"出来的**
>
> 仰焊时，熔池倒挂在焊件下面，熔化金属因重力的作用容易下坠滴落，不易控制熔池的形状和大小，容易出现未焊透、夹渣和凹陷等缺陷。焊接时，必须采用短弧，选择合适的焊条角度，宜采用较小直径的焊条和较小的电流，电流比平焊时的电流小15%~20%，即严格控制热输入，尽量做到焊速快，熔池小，焊肉薄。
>
> 打底焊时，推荐使用灭弧法进行焊接操作（碱性焊条易采用直流正接进行打底焊）；焊接电流宜选择比正常焊接时的电流稍大，否则易产生粘连。形成熔孔后，焊条尽可能地向上顶——"捅"，始终保持1/2~2/3的电弧在背面燃烧，同时，新的熔池要覆盖前一个熔池的1/2，乃至更多。
>
> 填充焊道和盖面焊道宜采用摆动法焊接，并在坡口两侧略作停顿以稳定电弧，从而保证两侧熔合良好。

四、项目评价与总结

参照评分标准（附录C）进行检查。由学生自检、互检以及教师（或专职质检员）检查，并填写质量检查记录卡（附录D）。每天留出部分时间分小组交流讨论，分享各自的学习成果，共同进步。

第三节　焊条电弧焊拓展训练项目

项目五　T形接头平角焊实作

一、项目任务

按图2-29的要求，学习T形接头平角焊的基本操作技能，完成工件实作任务。

具体要求：掌握T形接头平角焊的技术要求及操作要领；会制订T形接头平角焊的装焊方案，会选择T形接头平角焊的焊接参数，并编制简单的工艺卡（附录B）；按焊接安全、清洁和环境要求及焊接工艺完成焊接操作，制作出合格的T形接头平角焊工件，并达到评

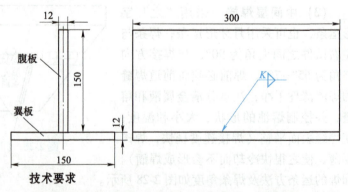

技术要求

焊接方法：焊条电弧焊；接头形式：板角接接头；焊接位置：平角焊；
试件材质：Q235A；K=10±1，截面为等腰直角三角形。

图2-29　T形接头平角焊施工图

分标准（附录 C）的相关质量要求。

二、项目分析

平角焊缝又称为 T 形焊缝。T 形接头即两块钢板互为 90°并呈 "T" 字形连接，是一种常见的焊接接头形式。由于两块钢板有一定的夹角，降低了熔敷金属和熔渣的流动性，容易形成夹渣和咬边等缺陷，所以在操作中，电流要大于平焊时的电流。焊条角度原则上如图 2-30、图 2-31 所示。当两块钢板厚度不同时，原则上应将电弧的能量更集中对准较厚的钢板。本项目以多层平角焊缝为例。

填写焊缝分析表（附录 A）。

三、项目实施

1. 安全检查

同本章项目一。

2. 焊前准备

同本章项目一。

3. 选择焊接参数

焊接参数见表 2-8。

表 2-8　T 形接头平角焊焊接参数

焊道分布	焊条型号	焊接层次	焊条直径/mm	焊接电流/A	电源极性
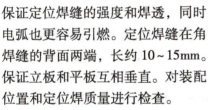	E5015 经 350~400℃ 烘干。保温 1~ 2h，随取随用	点固	3.2	120~150	直流反接
		打底（第 1 道）	3.2	110~130	
		盖面（第 2 道、第 3 道）	3.2	100~120	

4. 实施装配与焊接

操作要领如下：

（1）**装配与点固**　按照图 2-29 的要求划装配定位线，装配并定位焊。定位焊时，用与正式焊接相同的焊条，焊接电流要比正式焊接电流大 15%~20%，以保证定位焊缝的强度和焊透，同时电弧也更容易引燃。定位焊缝在角焊缝的背面两端，长约 10~15mm。保证立板和平板互相垂直。对装配位置和定位焊质量进行检查。

T形接头平角焊打底

（2）**打底焊**　起弧时，在离始焊端约 10mm 处引弧，拉到始焊端，弧长约 10mm，停顿 1~2s，迅速压低电弧，弧长保持约 2~4mm，开始正常焊接，如图 2-30 所示。采用直线运条，在整个焊接过程中

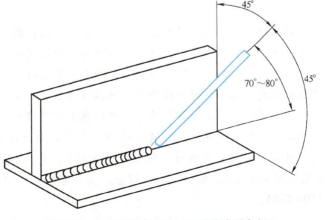

图 2-30　打底焊焊条角度（T形接头平角焊）

都应保持焊条与焊接方向成 70°~80°，与腹板、翼板之间成 45°，运条平稳，速度均匀。焊接时采用短弧，速度要均匀，焊条中心与焊缝的夹角中心重合；注意排渣和熔敷效果。

T形接头平角焊盖面

（3）**盖面焊** 如图 2-31 所示，第二道和第三道焊缝合称为盖面焊。注意：焊前清理干净焊渣和飞溅；先焊第二道焊缝，再焊第三道焊缝。焊接时，焊条中心分别对准打底焊焊缝与水平钢板、垂直钢板的夹角中心，焊条角度有适当变化；焊缝表面应光滑，略呈内凹，避免立板侧出现咬边。焊脚对称并符合尺寸要求。

①第二道焊缝：焊条中心对准打底焊焊缝和平板（翼板）之间夹角的中心，焊条与翼板之间的角度为 40°~45°。直线运条时，运条平稳；第二道焊缝要覆盖打底焊缝的 1/2~2/3；焊缝与翼板之间熔合良好，边缘整齐。焊接速度比打底焊时的速度稍快。

②第三道焊缝：操作同第二道焊缝，要覆盖第二道焊缝的 1/3~1/2，焊条与翼板之间的角度为 45°~50°，焊接速度均匀，不能太慢，否则易产生咬边或焊瘤，使焊缝成形不美观。焊接层数及焊条角度如图 2-31 所示。

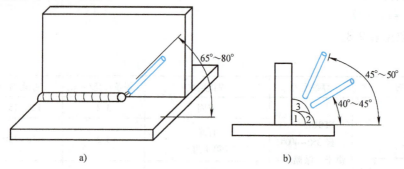

图 2-31 盖面焊焊条角度
a）焊缝与焊条之间夹角 b）焊条与底板之间夹角

5. 清理现场

练习结束后必须整理工具和设备，关闭电源，清理场地，做到"工完场清"，并由值日生或指导教师检查，做好记录。

☞ 关键技术点拨

1. "三分手艺，七分电流"

焊接电流的正确选择和使用是焊工最基本的技能，也是保证焊接质量的基本要求。习惯上，多数焊工喜欢使用大电流进行焊接，原因是生产效率高。对初学者，电流太小容易产生夹渣、未熔合、未焊透等缺陷，但电流太大时，又容易产生下塌、咬边、热影响区宽且晶粒粗大、接头力学性能降低、焊接应力及变形大等问题。因此，正确选择焊接电流十分重要。原则上，必须将焊接电流控制在工艺规程允许的范围内，但建议取上限电流值进行焊接。采用酸性焊条、焊缝为受力不大的联系焊缝且工艺上对焊接电流没有严格要求时，可以采取大电流操作。所谓"大电流"，是指相对于某一直径焊条的参考电流要大 20%~30%的电流。如 φ3.2mm 焊条，其参考电流为 90~100A，大电流操作时，电流应取 110~130A。

2. 分清铁液和熔渣才算入门

作为焊工，对自己所焊的每道焊缝的情况应比较清楚，同时还要能够对熔池进行有效的控制。要达到这种要求，首先必须能够分清铁液和熔渣。怎样才能分清铁液和熔渣？

（1）**操作上进行区分** 选一个适合自己视力的面罩。由于焊接时一般是右焊法，焊条对熔池有一定的遮挡，所以有时对熔池的观察不清楚，这时可迅速将电弧拉长，照亮熔池，同时吹开熔渣，看清熔池后，迅速压低电弧进行正常焊接。这个过程非常短，只需约 1s 左右的时间。

（2）**颜色上进行区分** 熔渣的颜色呈亮黄色，铁液的颜色呈暗红色。

（3）**形态上进行区分** 熔渣在熔池表面，且在高温和电弧吹力作用下不断沸腾、冒泡，而铁液由于密度较大，从焊条过渡到熔池中时，基本不会沸腾。

四、项目评价与总结

参照评分标准（附录 C）进行检查。由学生自检、互检以及教师（或专职质检员）检查，并填写质量检查记录卡（附录 D）。每天留出部分时间，分小组交流讨论，分享各自的学习成果，共同进步。

项目六 T 形接头立角焊实作

一、项目任务

按图 2-32 的要求，学习 T 形接头立角焊的基本操作技能，完成工件实作任务。

具体要求：掌握 T 形接头立角焊的技术要求及操作要领；会制订 T 形接头立角焊的装焊方案，会选择 T 形接头立角焊的焊接参数，并编制简单的工艺卡（附录 B）；按焊接安全、清洁和环境要求及焊接工艺完成焊接操作，制作出合格的 T 形接头立角焊工件，并达到评分标准（附录 C）的相关质量要求。

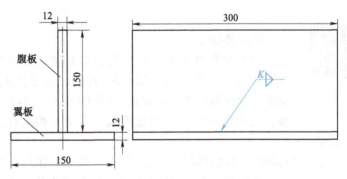

技术要求

焊接方法：焊条电弧焊；接头形式：T 形接头；焊接位置：立角焊（向上立焊）；试件材质：Q235A；$K=10\pm1$，焊缝截面为等腰直角三角形。

图 2-32 T 形接头立角焊施工图

二、项目分析

立焊是在垂直方向上进行焊接的一种操作方法。由于在重力的作用下，焊条熔化所形成的熔滴及熔池中的熔化金属容易下淌，造成焊缝成形困难，质量受影响，因此，立焊时选用的焊条直径和焊接电流均小于平焊时的取值，并应采用短弧焊接。

由下向上焊接可采取以下措施：

1）在对接立焊时，焊条应与左右方向夹角均为 90°，同时与施焊前进方向成 60°~80° 的夹角，而在角接立焊时，焊条与两板之间夹角各为 45°，向下倾斜 20°~30°。

2）采用较细直径的焊条和较小的焊接电流，焊接电流一般比平焊时的电流小 10%~15%。
3）采用短弧焊接，以缩短熔滴金属过渡到熔池的距离。
4）根据焊接接头形式的特点，选用合适的运条方法。
填写焊缝分析表（附录 A）。

三、项目实施

1. 安全检查

同本章项目一。

2. 焊前准备

同本章项目一。

3. 选择焊接参数

焊接参数见表 2-9。

表 2-9 T 形接头立角焊焊接参数

焊道分布	焊条型号	焊接层次	焊条直径/mm	焊接电流/A	电源极性
	E5015 经 350~400℃ 烘干。保温 1~2h，随取随用	点固	3.2	120~150	直流反接
		打底（第1道）	3.2	100~120	
		盖面（第2道）	3.2	100~120	

T形接头立角焊打底

4. 实施装配与焊接

操作要领如下：

（1）装配与点固　按照图 2-32 的要求划装配定位线，装配并定位焊。定位焊时用与正式焊接相同的焊条，焊接电流要比正式焊接电流大 15%~20%，以保证定位焊焊缝的强度和焊透，同时电弧也更容易引燃。定位焊焊缝在角焊缝的两端，长约 10~15mm。保证腹板和翼板互相垂直，并对装配位置和定位焊质量进行检查。

（2）打底焊　打底焊焊条角度如图 2-33 所示，采用三角形运条方法焊接（或灭弧法打底）。在三角形顶角和试板两侧稍作停留，以保证顶角熔合良好，防止试板两侧产生咬边。

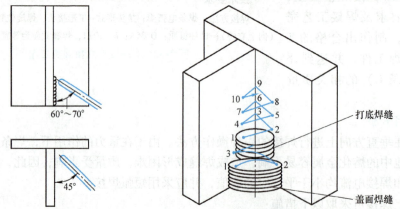

T形接头立角焊盖面

图 2-33　T 形接头立角焊焊条角度和运条方法

(3) 盖面焊

1) 盖面施焊前,应清除根部焊道的焊渣和飞溅,焊缝接头的局部凸起处需打磨平整。

2) 在试板最下端引弧,焊条角度如图 2-33 所示,采用小间距锯齿形运条方法(倒月牙形,后焊道压住前焊道 1/2 以上,保证焊波均匀),横向摆动向上焊接。

3) 焊缝表面应平整,避免咬边,焊脚应对称并符合尺寸要求。

5. 清理现场

练习结束后必须整理工具和设备,关闭电源,清理场地,做到"工完场清",并由值日生或指导教师检查,做好记录。

☞ 关键技术点拨

T 形接头立角焊的适度大电流焊接

在工艺允许的情况下,T 形接头立角焊可采用适度的大电流焊接。采用"倒月牙形"运条,将电弧能量转移到熔池的前端,降低熔池的温度,缩短熔池存在的时间,从而使大电流操作能够实现。

注意:T 形接头立角焊时,角顶不易焊透,所以打底焊时,眼睛要紧盯角顶的熔合情况,电弧长度尽可能地缩短,可以采用灭弧法或者三角形运条法。焊趾附近易产生咬边,焊接运条时,焊条在焊缝两侧应稍作停留,其摆动幅度应不大于焊缝宽度。

四、项目评价与总结

参照评分标准(附录 C)进行检查。由学生自检、互检以及教师(或专职质检员)检查,并填写质量检查记录卡(附录 D)。每天留出部分时间,分小组交流讨论,分享各自的学习成果,共同进步。

项目七 骑座式管板垂直俯位焊实作

一、项目任务

按图 2-34 的要求,学习骑座式管板焊的基本操作技能,完成工件实作任务。

具体要求:掌握骑座式管板焊的技术要求及操作要领;会制订骑座式管板焊的装焊方案,会选择焊接参数,并编制简单的工艺卡(附录 B);按焊接安全、清洁和环境要求及焊接工艺完成焊接操作,制作出合格的骑座式管板焊模拟工件,并达到评分标准(附录 C)的相关质量要求。

二、项目分析

根据接头形式的不同,管板接

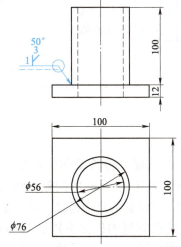

技术要求

焊接方法:焊条电弧焊;材质:Q235A;接头形式:骑座式管板角接接头;焊接位置:平角焊,焊脚尺寸为 10,截面为等腰直角三角形。

图 2-34 骑座式管板垂直俯位焊施工图

头的焊接可分为插入式管板和骑座式管板两类。根据空间位置的不同，每类管板又可分为垂直固定俯位焊、垂直固定仰焊和水平固定全位置焊三种。

管板接头是锅炉和压力容器结构的基本形式之一。对于插入式管板焊接，只需保证根部焊透，外表焊脚对称，无缺陷，因而比较容易焊接，通常单层单道焊即可。对于骑座式管板焊接，除保证焊缝外观外，还要保证焊缝背面成形，通常都采用多层多道焊，用打底焊保证焊缝背面成形和焊透，其余焊道保证焊脚尺寸和焊缝外观。

以上两类管板的焊接，实际上是 T 形接头的特例，操作要领与板式 T 形接头相似，所不同的是，管板焊缝在管子的圆周根部，因此焊接时要不断地转动手臂和手腕的位置，才能防止管子咬边和焊脚不对称。两类管板的焊接要领和焊接参数基本相同。

填写焊缝分析表（附录 A）。

三、项目实施

1. 安全检查

同本章项目一。

2. 焊前准备

同本章项目一。

3. 选择焊接参数

焊接参数见表 2-10。

表 2-10 骑座式管板垂直俯位焊焊接参数

焊道分布	焊条型号	焊接层次		焊条直径/mm	焊接电流/A	电源极性
	E5015 经 350~400℃ 烘干，保温 1~2h，随取随用	点固		3.2	110~120	直流反接
		打底（第 1 道）	连弧法	3.2	80~90	
			灭弧法	3.2	110~120	
		填充层（第 2 道）		3.2	120~130	
		盖面（第 3 道和第 4 道）		3.2	110~120	

4. 实施装配与焊接

操作要领如下：

(1) 装配与点固 将管子和底板放在装配平台上，用直径为 3.2mm 的焊条支撑出 3~4mm 的间隙，然后进行点固。定位焊缝应该在坡口内侧，定位点不允许超过三点，定位焊缝的位置如图 2-35 所示。每一点定位焊缝的长度不超过 10mm。装配定位后，管子与底板的通孔应保证同心，并且不错边。骑座式管板垂直俯位焊的装配要求见表 2-11。

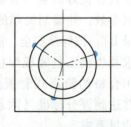

图 2-35 定位焊缝位置

表 2-11 骑座式管板垂直俯位焊的装配要求

坡口角度	装配间隙/mm	钝边/mm	错边量/mm
45°~50°	3~4	1	≤1

(2) 打底焊 焊条角度如图 2-36a 所示，既要保证根部焊透，又要防止烧穿和产生焊瘤。在焊接时，电弧要短，焊接速度不宜太快，电弧在坡口根部稍做停留，焊接电弧的 1/3 保持在熔孔处，2/3 覆盖在熔池上，同时要保持熔孔的大小基本一致，避免焊根处产生未熔合和未焊透。在焊接过程中，应根据实际位置不断地转动手臂和手腕，使熔池与管子坡口面和孔板上表面连在一起，并保持均匀的速度运动。待焊条快熔化完时，电弧迅速向后拉直至灭弧，使弧坑处呈斜面。

管板骑座式俯位焊打底

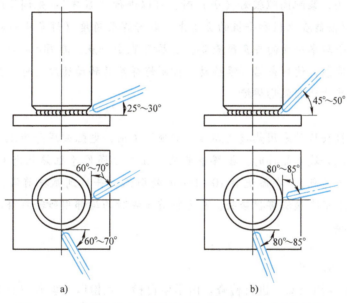

图 2-36 打底焊和填充层焊接的焊条角度（管板垂直俯位焊）
a) 打底焊　b) 填充层焊接

管板骑座式俯位焊填充

管板骑座式俯位焊盖面

(3) 填充层焊接 焊条角度如图 2-36b 所示。在焊填充层前，先清理干净打底层焊道上的焊渣，并将焊道局部凸起处磨平，然后按与打底焊相同的步骤焊接。施焊时，应采用短弧焊，可一层填满，需注意上、下两侧的熔化情况，保证温度均衡，使板管坡口处熔合良好。填充层焊缝要平整，不能凸出过高，焊缝也不能过宽，以便为盖面层的施焊打好基础。

(4) 盖面焊 焊条角度如图 2-37 所示。盖面焊必须保证管子不咬边和焊脚对称。盖面焊前应先除净前层焊道上的焊渣，

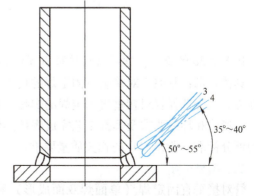

图 2-37 盖面焊的焊条角度（管板垂直俯位焊）

并将局部凸起处磨平。在焊接时要保证熔合良好，掌握好两道焊道的位置，避免形成凹槽或凸起，且第 4 焊道应覆盖第 3 焊道上面的 1/2 或 2/3，必要时还可以在上面用直径为 2.5mm 的焊条再盖一圈，以免咬边。

5. 清理现场

练习结束后必须整理工具和设备，关闭电源，清理场地，做到"工完场清"，并由值日生或指导教师检查，做好记录。

☞ 关键技术点拨

1. T形、角接接头的"盲焊"

所谓"盲焊"，是指眼睛不看焊缝，完全凭手感进行操作。薄板（板厚在 4mm 以下）的 T 形、角接接头，装配间隙较好（小）时，可以进行"盲焊"：先调节好焊接电流（稍大），引弧后将焊条靠在立板和平板的夹角上，取好焊条角度（焊条中心对准立板、平板夹角的中心；焊条与水平面的夹角很重要，应尽可能小一点，在 60°~70°之间），利用焊条的熔化来推动焊条，使焊条沿焊缝移动；控制好焊条的移动速度，可以获得成形较好的角焊缝。盲焊尤其适合圆弧形焊缝。

2. 接头

焊缝中间的接头尽量采用热接法焊接。更换焊条前，电弧回焊并熄弧，使气体彻底逸出并使弧坑处形成斜坡。热接时，换焊条要快，在熔池还处于红热状态时引燃电弧（面罩观察熔池呈一个亮点）；在弧坑前 10~15mm 处引弧，并拉到弧坑前沿，重新形成熔孔后继续焊接。若采用冷接法焊接接头，应先将前面焊缝的尾部用砂轮打磨成斜面，然后衔接并实施后续焊接。

四、项目评价与总结

参照评分标准（附录 C）进行检查。由学生自检、互检以及教师（或专职质检员）检查，并填写质量检查记录卡（附录 D）。每天留出部分时间，分小组交流讨论，分享各自的学习成果，共同进步。

项目八　管对接垂直固定焊实作

一、项目任务

按图 2-38 的要求，学习管对接垂直固定焊的基本操作技能，完成工件实作任务。

具体要求：掌握管对接垂直固定焊的技术要求及操作要领；会制订管对接垂直固定焊的装焊方案，会选择管对接垂直固定焊的焊接参数，并编制简单的工艺卡（附录 B）；按焊接安全、清洁和环境要求及焊接工艺完成焊接操作，制作出合格的管对接垂直固定焊工件，并达到评分标准（附录 C）的相关质量要求。

二、项目分析

管对接垂直固定焊（单面焊双面成形）和板对接横焊基本相似，焊缝处于空间位置，熔滴和熔池金属容易下淌，易形成未熔合和焊瘤等缺陷。操作时应以小规范进行操作。一般采用直线运条。

填写焊缝分析表（附录 A）。

三、项目实施

1. 安全检查

同本章项目一。

2. 焊前准备

钢管两节，将管子内、外壁坡口两侧 20mm 范围内的油污、铁锈、氧化皮等清除干净，直到露出金属光泽；焊机准备，地线接好，调节工艺参数；场地清理，焊把线理顺，保持整洁；并对试件清洁度、试件尺寸进行检查（按图样及技术要求）。

3. 选择焊接参数

焊接参数见表 2-12。

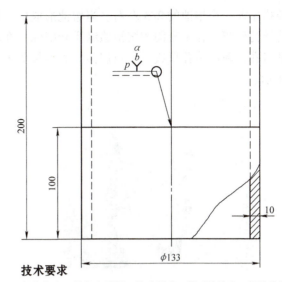

技术要求

焊接方法：焊条电弧焊；接头形式：管对接接头；焊接位置：横焊；试件材质：20G 钢管；根部间隙 $b = 3 \sim 4$，坡口角度 $\alpha = 60°$，钝边 $p = 1$。

图 2-38　管对接垂直固定焊施工图

表 2-12　管对接垂直固定焊焊接参数

焊道分布	焊条型号	焊接层次		焊条直径/mm	焊接电流/A	电源极性
	E5015 经 350~400℃ 烘干，保温 1~2h，随取随用	点固		3.2	110~120	直流反接
		打底（第1道）	连弧法	3.2	80~90	
			灭弧法	3.2	110~120	
		填充层（第2、3道）		3.2	120~130	
		盖面（第4、5、6道）		3.2	110~120	

4. 实施装配与焊接

操作要领如下：

（1）装配与点固　调好焊接参数，在角钢制作的装配胎具上进行装配（图 2-39），保证同轴度。采用与正式焊接相同的焊条进行定位焊。

装配间隙为 2.5~3.2mm（"6 点钟"位置为 2.5mm，"12 点钟"位置为 3.2mm），定位焊焊缝长 10~15mm，采用两点或三点定位，并对装配位置和定位焊质量进行检查。

管对接垂直固定焊

（2）打底焊　与横焊基本相似，从坡口间隙最小的地方（6 点钟位置）开始焊接，采用灭弧法打底。焊接时，焊条与下管成 70°~80°，与焊接方向成 65°~70°，焊接过程中要始终保持焊条角度不变。起焊时，采用划擦法在管子坡口内引燃电弧，待坡口两侧局部熔化，向根部压送，熔化并击穿根部后，熔滴送至坡口背面，建立起熔池，然后采用一点击穿打孔断弧焊法，向右施焊。注意控制熔孔和熔池，在熔池前沿应能看到均匀的熔孔，上坡口根部熔化 0.5~1.0mm，下坡口根部略小些。熔池形状保持一致，每次引弧的位置要准确，后一个熔池搭接前一个熔池的 2/3 左右。当熔池形成后，焊条向焊接反方向做划挑动作，迅速灭弧；待熔池变暗，在未凝固的熔池边缘重新引弧，在坡口装配间隙处稍作停顿，电弧的 1/3 在根部打孔，新的熔孔形成后，再熄弧。焊道接头采用热接法或冷接法接头，运条方法如图 2-40 所示。

图 2-39　装配示意图
（管对接垂直固定焊）

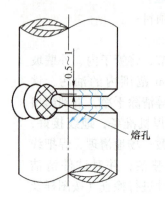

图 2-40　打底焊运条方法
（管对接垂直固定焊）

（3）**填充层焊接**　在焊填充层前，先敲净打底层焊道上的熔渣，并将焊道局部凸起处磨平。填充层分为上、下两道，先焊下焊道（第 2 道），再焊上焊道（第 3 道），焊道位置和焊条角度如图 2-41 所示。焊接下焊道时，从打底焊缝与下坡口的熔合线上引燃电弧，电弧对准打底焊道下沿，

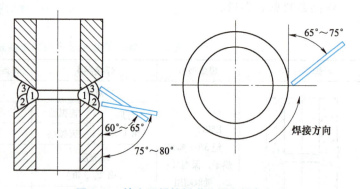

图 2-41　填充层焊接焊道位置和焊条角度

熔化金属覆盖打底焊道 1/2～1/3。采用直线或小斜环运条法焊接，注意上、下两侧的熔化情况，保证温度均衡，使坡口面熔合良好。焊道接头采用热接法或冷接法接头。填充层焊缝要平整，不能凸出过高，为盖面层焊接打好基础。焊接上焊道时，适当加快焊接速度或减小焊接电流，调整焊条角度，防止液态金属下淌。填充层的高度应低于母材表面 1～1.5mm，为盖面层留有一定余量。

（4）**盖面焊**　盖面层施焊前，需清除填充层焊缝上的熔渣、飞溅，焊缝接头过高部分打磨平整。盖面层需焊上、中、下三道。先焊下焊道，最后焊上焊道，焊条角度如图 2-42 所示，采用直线或小斜环运条法焊接，焊接中要严格控制弧长，注意上、下两侧的熔化情况，保证温度均衡，使管坡口熔合良好。焊道接头采用热接法或冷接法接头。焊下焊道时，电弧对准打底焊道下沿，稍摆动，熔化金属覆盖填充焊道的 1/2～2/3；焊上焊道时，适当加快焊接速度或减小焊接电流，调整焊条角度，防止出现咬边和液态金属下淌。

5. 清理现场

练习结束后必须整理工具和设备，关闭电源，清理场地，做到"工完场清"，并由值日生或指导教师检查，做好记录。

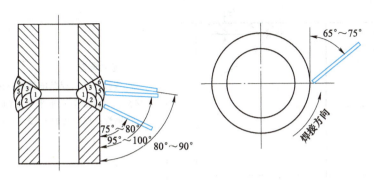

图 2-42 盖面焊的焊条角度

🔑 **关键技术点拨**

管对接垂直固定焊（单面焊双面成形）实际是横焊位置，只是焊缝是沿圆周焊接的。上、下两管的坡口面角度应有所不同，上管坡口面角度要大些。装配间隙按所用焊条直径 $d±0.5mm$ 选取。定位焊按管直径大小取 2~4 点。焊接层次按管壁厚度适当选取。

由于焊缝为圆形，所以操作过程中人要移动位置，从而适应圆形焊缝。焊接前，应将焊件固定在最适合自己的一个高度，同时取好自己的位置，尽可能地减少移动次数。操作时，全身放松，呼吸自然，同时利用手腕进行操作。打底焊一般采用一点击穿电弧穿透打孔焊接法，每次引燃电弧的位置要准确，给送熔滴要均匀，断弧要果断，并控制好熄弧和再引燃的时间。在操作过程中，手臂和手腕转动要灵活，运条速度应保持均匀。

四、项目评价与总结

参照评分标准（附录C）进行检查。由学生自检、互检以及教师（或专职质检员）检查，并填写质量检查记录卡（附录D）。每天留出部分时间，分小组交流讨论，分享各自的学习成果，共同进步。

项目九　管对接水平固定焊实作

一、项目任务

按图 2-43 的要求，学习管对接水平固定焊的基本操作技能，完成工件实作任务。

具体要求：掌握管对接水平固定焊的技术要求及操作要领；会制订管对接水平固定焊的装焊方案，会选择管对接水平固定焊的焊接参数，并编制简单的工艺卡（附录B）；按焊接安全、清洁和环境要求及焊接工艺完成焊接操作，制作出合格的管对接水平固定焊工件，并达到评分标准（附录C）的相关质量要求。

二、项目分析

管对接水平固定焊要经历仰焊、立焊、平焊，属于全位置焊接，难度较大。焊接时，熔滴和熔池金属在重力的作用下容易下淌。为了在焊接过程中控制熔池的大小和温度、减少和防止液态金属下淌而产生焊瘤，一般采用较小的焊接参数。焊接时的焊条角度随焊缝曲率变化而不断变化，焊接过程分两个半周完成。

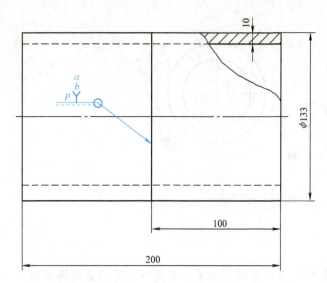

技术要求

焊接方法：焊条电弧焊；接头形式：管对接接头；焊接位置：水平固定向上焊；试件材质：20G 钢管；根部间隙 $b=2.5\sim3.2$，坡口角度 $\alpha=60°$，钝边 $p=0\sim1$。

图 2-43　管对接水平固定焊施工图

填写焊缝分析表（附录 A）。

三、项目实施

1. 安全检查

同本章项目一。

2. 焊前准备

同本章项目八。

3. 选择焊接参数

焊接参数见表 2-13。

表 2-13　管对接水平固定焊焊接参数

焊道分布	焊条型号	焊接层次		焊条直径/mm	焊接电流/A	电源极性
	E5015 经 350~400℃ 烘干，保温 1~2h，随取随用	点固		3.2	110~120	直流反接
		打底（第 1 道）	连弧法	3.2	80~90	
			灭弧法	3.2	110~120	
		填充层（第 2、3 道）		3.2	100~110	
		盖面（第 4、5、6 道）		3.2	100~110	

4. 实施装配与焊接

操作要领如下：

（1）装配与点固　在角钢制作的工装上进行装配（图 2-44）。用与正式焊接同样的焊条在焊件背面两端定位焊。

定位焊焊缝长为 10mm（定位焊缝不允许在试件"5 点~7 点"位置）；装配间隙为

2.5~3.2mm，仰焊部位窄、平焊部位宽；为保证两节钢管焊后的同轴度，错边量不大于0.5mm。本项目采用三点定位（定位方式有一点、两点和三点定位，如图2-45所示），并对装配位置和定位焊质量进行检查。

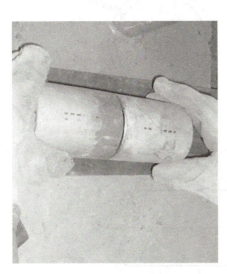

图 2-44 装配示意图
（管对接水平固定焊）

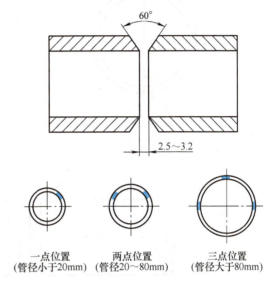

图 2-45 不同管径的装配及定位焊要求

（2）**打底焊** 施焊方式为沿焊管的中心线将管子分成左右两半周焊接，先沿逆时针方向焊右半周，后沿顺时针方向焊左半周；引弧和收弧部位要超过管子中心线5~10mm。

焊管轴线与水平面平行并固定在离地面一定距离（600mm左右）的工装上，间隙小的一端在下，并从该端开始向上焊接。采用灭弧法打底（向上施焊，当熔池形成后，焊条向焊接方向做划挑动作，迅速灭弧；待熔池变暗，在未凝固的熔池边缘重新引弧，在坡口间隙处稍作停顿，电弧的1/3击穿根部，新熔孔形成后，再熄弧；焊接过程中，每次引弧的位置要准确，给送熔滴要均匀，断弧要果断，并控制好熄弧和再引弧的时间）。焊缝接头采用热接法或冷接法焊接。焊条角度和运条方法如图2-46所示。

仰焊位置焊接时，焊条向上顶送深些，尽量压低电弧；立焊和平焊位置焊接时，焊条向坡口根部压送深度比仰焊时的浅些。立焊和平焊部位的焊接速度要稍快一些，避免产生焊瘤等缺陷。

左半周焊接时，先将右半周仰焊位置焊道的引弧处打磨成缓坡；在距缓坡底部5~10mm处引弧，按冷接法焊妥仰焊位置的焊缝接头，之后再按焊接右半周的方法施焊。注意最后平焊位置的封闭定位焊缝接头的操作，要保证焊透。

（3）**填充层焊接** 填充层施焊前，先将打底层焊缝的熔渣、飞溅清理干净。采用连弧法，锯齿形或月牙形运条。焊接过程中严格采用短弧，运条速度要均匀，摆动幅度要小，在坡口两侧稍作停顿稳弧，使坡口边缘熔合良好，防止咬边、未熔合和焊瘤等缺陷。填充层焊接的顺序与打底层焊接时的顺序相反，这样才能避开打底层的接头位置，即填充层左右半圈的接头不能与打底层左右半圈的接头位置相同，所以，如果打底层是先左半圈，后右半圈，则填充层为先右半圈后左半圈。

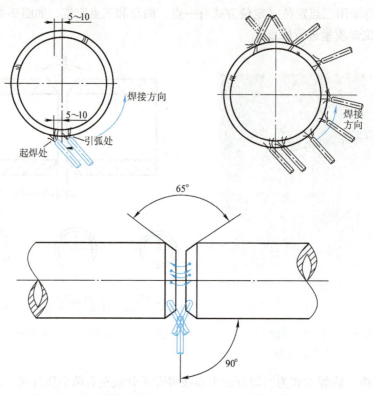

图 2-46 打底焊焊条角度和运条方法（管对接水平固定焊）

(4) 盖面焊 先将前面焊缝的焊渣、飞溅清理干净。焊接过程中采用连弧法，"之"字形或月牙形运条，并严格采用短弧，运条速度要均匀，摆动幅度要小，在坡口两侧稍稍停顿稳弧，使坡口边缘熔合良好，防止咬边、未熔合和焊瘤等缺陷。接头处的操作如图 2-47 所示。

5. 清理现场

练习结束后必须整理工具和设备，关闭电源，清理场地，做到"工完场清"，并由值日生或指导教师检查，做好记录。

☞ 关键技术点拨

管对接水平固定焊的操作经验

此焊接过程是从下面到上面，要经过仰焊、立焊、平焊等几种焊接位置，是一种难度较大的操作。焊接时，金属熔池所处的空间位置不断变化，焊条角度也应随焊接位置的变化而不断调整。归纳为"一看、二稳、三准、四匀"。

1) 看：看熔池并控制大小，看熔池位置。
2) 稳：身体放松，呼吸自然，手稳，动作幅度小而稳。
3) 准：定位焊位置准确，焊条角度准确。
4) 匀：焊缝波纹均匀，焊缝宽窄均匀，焊缝高低均匀。

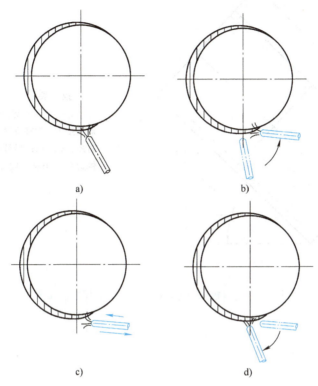

图 2-47　盖面焊另半周接头处的操作示意图（管对接水平固定焊）

四、项目评价与总结

参照评分标准（附录 C）进行检查。由学生自检、互检以及教师（或专职质检员）检查，并填写质量检查记录卡（附录 D）。每天留出部分时间，分小组交流讨论，分享各自的学习成果，共同进步。

项目十　管对接 45°倾斜固定焊实作（向上焊）

一、项目任务

按图 2-48 的要求，学习管对接 45°倾斜固定焊的基本操作技能，完成工件实作任务。

具体要求：掌握管对接 45°倾斜固定焊的技术要求及操作要领；会制订管对接 45°倾斜固定焊的装焊方案，会选择管对接 45°倾斜固定焊的焊接参数，并编制简单的工艺卡（附录 B）；按焊接安全、清洁和环境要求及焊接工艺完成焊接操作，制作出合格的管对接 45°倾斜固定焊工件，并达到评分标准（附录 C）的相关质量要求。

二、项目分析

管对接 45°倾斜固定焊是介于水平固定焊和垂直固定焊之间的一种焊接操作方法，难度较大。焊接时，与水平固定焊类似，可分为两个半周进行焊接，向上施焊。

填写焊缝分析表（附录 A）。

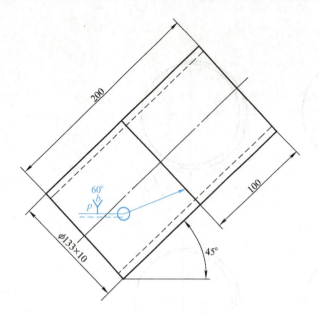

图 2-48 管对接 45°倾斜固定焊（向上焊）施工图

技术要求

焊接方法：焊条电弧焊；接头形式：管对接接头；焊接位置：倾斜 45°向上焊；试件材质：Q235A；焊缝根部间隙 2.8~3.2mm，钝边 0.5~1mm，坡口角度 60°±2°。

三、项目实施

1. 安全检查

同本章项目一。

2. 焊前准备

同本章项目八。

3. 选择焊接参数

焊接参数见表 2-14。

表 2-14 管对接 45°倾斜固定焊焊接参数

焊条型号	焊接层次	焊条直径/mm	焊接电流/A	焊接次序	电源极性
E5015 （J507）	打底（第1道）	2.5	75~85	1	直流反接
	填充层（第2道）	3.2	115~130	2	
	盖面（第3道）	3.2	115~120	3	

4. 实施装配与焊接

操作要领如下：

（1）**装配与点固** 用与正式焊接同样的焊条在焊件背面两端定位焊，在角钢制作的胎具上进行装配（图 2-39）。

定位焊焊缝长为 10mm；（定位焊缝不允许在试件"5 点~7 点"位置）装配间隙为 2~3mm，仰焊部位窄、平焊部位宽作为反变形量，以保证两节钢管的同轴度；错边量不大于 0.5mm；本项目采用三点定位并对装配位置和定位焊质量进行检查。

（2）**施焊方式** 假定将管子分成左右两半周，按斜仰焊—斜立焊—斜平焊顺序施焊；

引弧和收弧部位要超过中心线 5~10mm。大径管对接 45°倾斜固定焊综合了管水平固定焊和垂直固定焊两种焊接操作方法，无论是打底焊、填充层焊接，还是盖面焊，要保证金属熔池始终处于水平状态。

(3) 打底焊

1) 右半周焊接。打底焊时，在仰焊部位起焊处引燃电弧（电弧向上顶送），熔孔和熔池形成后，采用连弧焊法斜锯齿形运条，横向摆动，采用短弧，向上连续施焊（电弧在上坡口根部停留时间比在下坡口停留时间稍长，上坡口根部熔化 1.0~1.5mm，下坡口根部熔化 0.5~1.0mm。熔孔呈椭圆形状）。焊条角度和熔孔形状如图 2-49 所示。焊缝接头采用热接法或冷接法焊接。

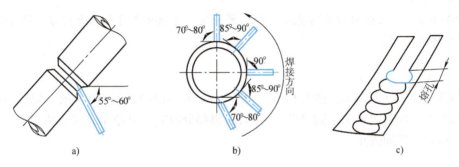

图 2-49　焊条角度和熔孔形状

a) 焊条倾角　b) 焊条角度变化图　c) 打底焊熔孔形状

2) 左半周焊接。先将右半周焊缝引弧处打磨成缓坡，在距缓坡 5~10mm 处引弧，焊到缓坡底部，再压送电弧，形成熔孔，然后按右半周焊接的操作方法向上施焊。（注意斜平焊位置最后封闭点接头处的操作，一定要焊透且表面美观。）

(4) 填充层焊接

1) 清除打底层焊缝的焊渣、飞溅，并将焊缝接头处的过高部分打磨平整。

2) 填充层焊接时，焊条倾角比打底焊时的角度约大 5°；采用斜锯齿形运条，连续焊接；焊后的填充层焊道比坡口表面低 1~1.5mm，且不能破坏坡口棱边。

(5) 盖面焊

1) 盖面斜仰位置焊接。在右半周焊道起焊处的上坡口开始焊接，向右带至下坡口；斜锯齿形运条，起头处呈尖角斜坡形状；左半周焊缝从尖角下部开始焊接，由短到长斜锯齿形运条向上焊接。接头处的运条方法如图 2-50a 所示。

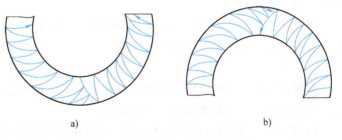

图 2-50　盖面焊头处运条方法（管对接 45°倾斜固定焊）

a) 下半周接头方法　b) 上半周接头方法

2) 盖面斜平位置焊接。焊到上部，要使焊缝呈斜三角形，并焊过前焊缝 10~15mm；左半周焊缝与右半周焊缝收弧处应呈尖角形、斜坡状吻合。接头处的运条方法如图 2-50b 所示。

5. 清理现场

练习结束后必须整理工具和设备，关闭电源，清理场地，做到"工完场清"，养成良好职业习惯，并由值日生或指导教师检查，做好记录。

> ☞ **关键技术点拨**
>
> 　　管对接 45°倾斜固定焊操作时，必须采用短弧，并选择合适的焊条角度，且电流比平焊时小 15%~20%。
>
> 　　填充焊道和盖面焊道宜采用小斜环摆动焊接，并在坡口两侧略作停顿，进行稳弧，以保证两侧熔合良好。
>
> 　　仰焊部位的熔池体积应尽可能小一些、薄一些，并确保与母材熔合良好。推荐使用灭弧法进行焊接操作。

四、项目评价与总结

参照评分标准（附录 C）进行检查。由学生自检、互检以及教师（或专职质检员）检查，并填写质量检查记录卡（附录 D）。每天留出部分时间，分小组总结交流讨论，分享各自的学习成果，共同进步。

第四节　工程实践及应用案例

一、泄漏管道的应急补焊

在锅炉、自来水管道的运行过程中，某些管道有时会发生穿孔泄漏，此时若停产，将管道内的水排空后进行补焊，会使生产受到极大损失。一般可以采用带水、带压补焊应急，其方法如下：

1）根据泄漏孔的大小选择合适的螺栓、螺母（或螺纹管材）；由于是带水补焊，应选择对水、气、铁锈不敏感的酸性焊条；焊条直径要小点，电流为焊条直径的 50~60 倍。

2）先把螺母焊到泄漏孔处，然后拧上螺栓（或阀门），使泄漏减弱或停止，最后再把螺栓、螺母焊到一起（或关闭阀门），漏孔即可被完全堵死，锅炉或自来水管便能很快正常运行。

优点：不管漏孔大小如何，都能用相应的螺母进行补焊，且螺栓、螺母极易寻找；焊堵漏孔省时省力，效率高，如图 2-51 所示。

二、蒸汽管道的带压补焊

蒸汽管道由于长期使用或腐蚀导致管子某些地方穿透泄漏，这是很多地方经常遇到的情况。通常采用带压补焊来弥补。其方法有：

1）錾堵法。管道在出气压力为 0.2MPa 的低压时也难以进行焊条电弧焊，因此补焊前首先要把泄漏蒸汽堵住后才能补焊。錾堵法就是用尖头锤或錾子在距孔 2mm 左右处锤击周围的金属，使其挤向孔内，使孔暂时缩小堵住。此法适用于原焊缝上或管上因砂眼、气孔、夹渣等而造成泄漏的情况；对于管道已严重腐蚀，管壁已相当薄，一錾即穿的泄漏，则是不适用的，这时宜采用放空法。

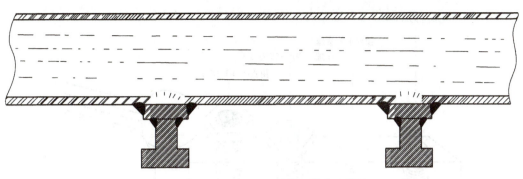

图 2-51　螺栓、螺母补焊带压管道示意图

2）放空法。按孔的大小或孔线的长短选配一段约 250mm 长的管子，先在一端焊好一个放空阀门（打开的），另一端加工成一定的弧度（与损坏管子的直径相匹配）后罩在漏气孔上，让气从打开的阀门放出，焊好这根管子与损坏管子之间的角焊缝后关闭阀门，即可达到维修目的，如图 2-52 所示。

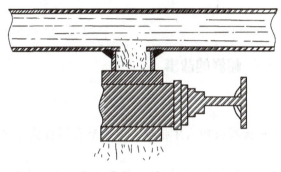

图 2-52　放空法

三、薄板的焊条电弧焊技术

这里的薄板是指板厚小于 1mm 的钢板。由于板薄，焊接时极易焊穿，操作时难度较大。其主要操作要点如下：

1）下料要准确，同时尽可能地减小装配间隙，并采取合适的焊接接头形式（如卷边）。

2）焊接时，采用灭弧法，注意后一焊点要盖住前一焊点 1/2 或 2/3。焊点要准确，要时刻注意熔池的温度，温度过高，则立即延长熄弧时间，待熔池温度降下来后（熔池还是处于红热状态）再进行焊接，从而避免焊穿。实践证明，不一定非要采用小电流，大电流操作如果得当，效果反而好，但要求焊接速度要快，引弧、断弧干脆利落，决不能拖泥带水。

3）厚板与薄板连接时，电弧能量尽可能地转移到厚板，利用电弧的边缘热量熔化薄板，进而实现连接。

4）厚板与超薄板连接时，电弧完全对准厚板，利用熔池的熔化金属流到超薄板上来熔化超薄板，从而实现连接。

四、应用小实例

断在工件里面的螺栓和丝锥如何取出来？除了用电火花加工外，还有一种简便易行且经济的方法，即选取与折断螺栓或丝锥直径相匹配的螺母一个，对准所断螺栓或丝锥的中心，以塞焊的方法将所断螺栓或丝锥和螺母焊在一起，待完全冷却后，用扳手拧下来，如图 2-53 所示。关键点是，使用扳手发力的一瞬间要用"寸劲"，而不用"长劲"。有时要多次焊接才能取出。

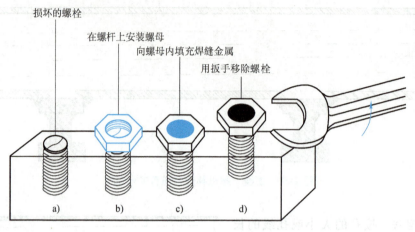

图 2-53 损坏螺栓的移除示意图

（图中标注：损坏的螺栓；在螺杆上安装螺母；向螺母内填充焊缝金属；用扳手移除螺栓；a) b) c) d)）

榜样的故事

"稳、准、匀"——"焊接巧匠"高凤林的故事之一

（中国高技能人才楷模，中国航天科技集团公司第一研究院特种熔融焊接特级技师）

高凤林进入技校时，老师就说："如果有一天，你们中的哪一位能够成为火箭发动机的焊工，那就是我们当中的英雄了。"两年后，高凤林竟被破格分到火箭发动机车间工作，而且是发动机车间的书记、工段长、组长一起看中的。

与许多学生一样，高凤林第一次拿起焊枪时也很不顺手，并被突然闪出的弧光吓了一跳，结果下意识一提焊枪，连焊条都掉了。他放下面罩，关掉电源，一屁股坐在地上，半天没有再动一下。等回过神来，他拿出一支笔和笔记本，在上面认真地记录着什么，接着去看师傅的操作，再去看其他师傅的操作，然后回到自己工位上先模拟操作一遍，想一想，又模拟一遍，又在纸上写几下，再模拟一遍。最后可以操作了：打开电源，拿起面罩和焊枪，深吸一口气，高凤林焊下了人生中的第一条焊缝。而这一段，恰好被路过的工段长看见，他好奇地拿起高凤林的笔记本，只见上面写着：焊接操作规程……自己操作时的心理变化……师傅和同学们的操作特点……最后是三个大大的字和三个大大的惊叹号——"稳！""准！""匀！"。

工段长心里暗暗叫好：这个学生了不得，第一次实习就知道自己思考、感悟焊接的基本要领，是个好苗子。放下本子，工段长看了眼高凤林焊的焊缝，叹了口气，然后拿起焊枪在旁边又焊了一道焊缝就走了。高凤林看了看两道截然不同的焊缝，沉默了……实习期间，高凤林几乎将所有的时间都用在车间里，做了车间里几乎所有的杂事，成了车间几乎所有师傅的徒弟。别的同学打球、玩耍，他却手握红砖，伸直胳膊，独自站在烈日下，任汗水在脸上、身上肆意流淌……

后来，他成了"中国十大高技能人才楷模"之一。

"脑体复合"——"焊接巧匠"高凤林的故事之二

设计需要知识，工艺需要知识，而实际生产的全过程更需要知识的投入与升华，才能制造出高质量、高性能、高可靠的产品。在进入发动机车间的第三个年头，总工程师把高凤林叫到总师办，说："小高啊，航天领域有许多急需攻克的技术难关，你要不断地用理论武装自己，才能对现有的焊接技术推陈出新……"此后，高凤林在每月交给母亲的工资中都扣下5元钱，用来买焊接方面的书籍。他先后学习了《焊接结构》《金属学与热处理》等，后来又进修大专、本科，并获得学士学位，继而又攻读硕士研究生。

丰富的实践经验加上深厚的理论功底，使他攀上了一个又一个的"焊接高地"。用高凤林2000年10月在央视《实话实说》节目中的话来说，就是"脑体复合"。这种"脑体复合"的神奇是外人难以理解的：在国家某特种车的研制中，高凤林充分运用焊接系统控制理论，出色地攻克了一系列部组件的生产工艺难关，保证了国防急需；某型号发动机试车多次失败，头部生产试验中断，生产无法继续进行，高凤林同志应邀参加，以气保护双面成形和局部自由收缩焊接等措施终于解决了难题，将试验压力由130个压力提高到180个压力，满足了使用要求，使试车得以成功；某型号发动机隔板焊接后易出现裂缝、堵塞等缺陷，有时100%返修，针对这种情况，高凤林大胆提出工艺改进措施，焊出的产品三年X光透视合格率连续达到100%；在某型号引射筒的焊接攻关中，在公司总经理的亲自授命下大胆改进，突破难关，使有关单位近一年没有解决的难题得以解决，且大幅度提高了效率和质量，仅三天就生产出6件一次合格率100%的工艺试件，156件产品的生产也只用了一个半月，且100%一次合格，保证了近一亿产值的产品交付。

在国家863攻关项目——50吨大氢氧发动机系统研制中，高凤林同志大胆采用新的工艺措施，突破了理论禁区，创造性地运用b值、S值在多种高低温合金混合焊接接头结构中的应用，解决了有关科技人员久攻不下的难题，多次获奖，为部、院确定的"三转一把火"做出了突出贡献……

高凤林还著有论文多篇，分别发表于《航天制造技术》《航天产品应用焊接技术》等刊物，实现了从技术型工人、知识型工人到专家型工人的成长和蜕变。

第三章　典型焊接接头非熔化极气体保护焊实作

第一节　非熔化极气体保护焊概述

一、非熔化极气体保护焊相关知识

非熔化极气体保护焊（GTAW）是指以高熔点的金属或合金棒作为电源的电极，焊接时高熔点的电极不熔化，仅起引弧和维持电弧的作用，在惰性气体氩气（Ar）、氦气（He）或氩气+氦气保护下进行焊接的一种电弧焊方法。由于通常采用高熔点的钍钨棒或铈钨棒作电极，多采用氩气作为保护气体，因此又称为钨极氩弧焊。本章以最常用的钨极氩弧焊作为实作示例。

钨极氩弧焊根据操作方式不同分为手工钨极氩弧焊和自动焊钨极氩弧焊。焊接时，在钨极与工件间产生电弧，以电弧热作为焊接热源，填充金属从钨极的前方添加送入，在电弧热的作用下，工件和填充金属熔化并形成熔池，冷却后形成焊缝。如图 3-1 所示。根据工件厚度和设计要求，也可以添加或不添加填充金属。

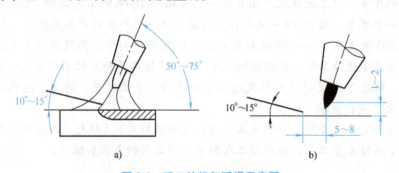

图 3-1　手工钨极氩弧焊示意图
a）焊枪、焊丝的倾角　b）钨极与焊丝的相对位置

由于氩气是一种惰性气体，不与金属起化学反应，所以能充分保护金属熔池不被氧化。同时，氩气在高温时不溶于液态金属中，所以焊缝金属不易产生气孔。因此，氩气的保护作用是有效和可靠的，可以获得较高的焊缝质量。

1. 手工钨极氩弧焊设备

钨极氩弧焊按自动化程度可分为手工焊和自动焊两种，其基本组成包括焊接电源及控制系统、引弧和稳弧装置、焊枪、气路系统、水路系统；自动焊系统还应有焊枪行走机构或工件行走及转动机构、自动送丝机构等。

手工钨极氩弧焊设备的组成、设备之间的连接如图 3-2 所示。

（1）焊接电源　钨极氩弧焊电源可分为直流电源、直流脉冲电源和交流电源（正弦波交流电源、矩形波交流电源、逆变式交流方波电源）。交流氩弧焊电源用于焊接铝、镁及其

第三章 典型焊接接头非熔化极气体保护焊实作

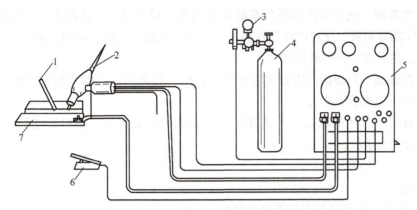

图 3-2 手工钨极氩弧焊设备的组成及设备之间的连接
1—焊丝 2—焊枪 3—流量计 4—氩气瓶 5—焊机
6—脚踏开关（现已将开关移至焊枪手柄上） 7—工件

合金。电源的外特性均为陡降的外特性。

引弧一般采用接触引弧和非接触引弧。非接触引弧有以下两种方法。

1）高频振荡器引弧。高频振荡器产生的高频高压加在钨极与工件之间，通过击穿其间的空气间隙引燃电弧，达到非接触引弧。此高频高压在引弧后便立即切断。

2）高压脉冲引弧。即外加一个高压脉冲使电弧引燃，并起到稳弧作用。

(2) 控制系统 控制系统用于实现焊接程序及工艺参数的可调控制。

焊接程序为：提前送气→接通电源→引弧→焊接→停电→滞后停气→焊接结束。

(3) 焊枪 氩弧焊焊枪分为气冷式和水冷式两种。气冷式焊枪使用方便，但限于小电流（<200A）焊接使用；水冷式焊枪适用于大电流和自动焊接。

焊枪一般由枪体、喷嘴、电极夹持机构、电缆、氩气输入管、水管、开关及按钮组成。典型的水冷式手工钨极氩弧焊焊枪如图 3-3 所示。焊枪的作用是夹持钨极、传导电流、输送氩气、保持焊接区电弧正常燃烧。

焊枪的喷嘴是决定氩气保护性能优劣的重要部件，常见的喷嘴形状如图 3-4 所示。圆柱带锥形或圆柱带球形的喷嘴，保护效果最佳，氩气流速均匀，容易保持层流；圆锥形的喷嘴因氩气流速变快，保护效果较差，但操作方便，熔池可见性好，也经常使用。

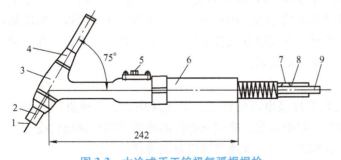

图 3-3 水冷式手工钨极氩弧焊焊枪
1—钨棒 2—喷嘴 3—枪体 4—绝缘帽 5—拨动开关 6—手柄 7—电缆 8—气管 9—水管

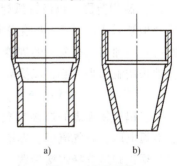

图 3-4 喷嘴形状
a) 圆柱带锥形 b) 圆锥形

(4) 供气系统 氩弧焊机的供气系统由氩气瓶、减压器、气体流量计、电磁气阀、气管组成，其作用是将氩气瓶内的高压气体减至一定的低压，并按不同的流量要求，将氩气输送至焊接区，达到焊接保护的目的。

(5) 水路系统 当焊接电流较大（>150A）时，必须用水冷却钨极和焊枪。水流量的大小通过水压开关或手动控制。

(6) 送丝机构 送丝机构用于需要填丝的氩弧焊自动焊接。该机构受控制系统控制，与整个焊接过程相适应。

2. 钨极氩弧焊的特点和应用

(1) 特点

1) 氩弧焊与其他电弧焊相比具有的优点。

①保护效果好，焊缝质量高。氩气不与金属发生反应，也不溶于金属，焊接过程基本上是金属熔化与结晶的简单过程，因此，能获得较为纯净及高质量的焊缝。

②焊接变形和应力小。由于电弧受氩气流的压缩和冷却作用，电弧热量集中，热影响区很窄，焊接变形与应力均较小，尤其适合于薄板焊接。

③易观察、易操作。由于是明弧焊，所以观察方便，操作容易，尤其适用于全位置焊接。

④稳定。电弧稳定，飞溅少，焊后不用清渣。

⑤易控制熔池尺寸。由于焊丝和电极是分开的，焊工能够很好地控制熔池尺寸和熔孔大小。

⑥可焊的材料范围广。几乎所有的金属材料都可以进行氩弧焊，特别适宜于焊接化学性能活泼的金属和合金，如铝、镁、钛等。

2) 氩弧焊与其他电弧焊相比具有的缺点。

①设备成本较高。主要用于打底焊和有色金属的焊接。

②氩弧焊引弧困难，需要采用高频引弧及稳弧装置等。

③氩弧焊产生的紫外线是焊条电弧焊的5~30倍，生成的臭氧对焊工危害较大，所以要加强防护。推广使用的铈钨电极，对焊工的危害较小。

④焊接时需要防风措施。

(2) 应用范围 钨极氩弧焊是一种能获得高质量焊缝的焊接方法，因此，在工业生产中广泛地被采用。对于一些化学性能活泼的金属，用其他焊接方法焊接非常困难，而用氩弧焊则可容易地得到高质量的焊缝。另外，在碳钢和低合金钢的压力管道焊接中，现在也越来越多地采用氩弧焊打底，以提高焊接接头的质量。

3. 手工钨极氩弧焊的焊接参数

手工钨极氩弧焊的焊接参数主要有焊接电源的种类、极性及用途、钨极直径、焊接电流、电弧电压、氩气流量、焊接速度、喷嘴直径、喷嘴至焊件的距离和钨极伸出长度等。焊接时必须正确地选择焊接参数，并合理地配合，才能得到满意的焊接质量。

(1) 焊接电源的种类、极性及用途 电源的种类和极性可根据焊件材料进行选择，见表3-1。

表 3-1 焊接电源的种类、极性及用途

焊接电源的种类和极性	适用金属材料
直流正接	低碳钢、低合金钢、不锈钢、耐热钢、铜、钛及其合金
直流反接	各种金属的熔化极氩弧焊
交流电源	铝、镁及其合金

采用直流正接时,焊件接正极,温度较高,适用于焊厚件及散热快的金属;钨棒接负极,温度低,可提高许用电流,同时钨极烧损小。手工钨极氩弧焊时,通常采用直流正接。直流反接时,钨棒接正极,钨极烧损大,所以很少采用。

采用交流钨极氩弧焊时,在焊件为负极性、钨极为正极性的半波里,阴极有去除氧化膜的作用,即"阴极破碎"作用。在焊接铝、镁及其合金时,其表面有一层致密的高熔点氧化膜,若不能除去,将会造成未熔合、夹渣及内部气孔等缺陷。利用钨极在正半波时正离子向熔池表面高速运动,可将金属表面的氧化膜撞碎,避免产生焊接缺陷。所以,通常用交流钨极氩弧焊来焊接氧化性强的铝、镁及其合金。

(2) **钨极直径** 钨极的直径主要根据焊件的厚度、焊接电流的大小和电源极性来选择。如果钨极直径选择不当,将造成电弧不稳定、钨极烧损严重和焊缝夹钨等现象。

(3) **焊接电流** 焊接电流主要根据焊件的厚度、空间位置和钨极直径来选择。过大或过小的焊接电流都会使得焊缝成形不良或产生焊接缺陷。所以,必须在不同的钨极直径允许的焊接电流范围内正确地选择焊接电流。焊接电流与钨极直径的对应关系见表 3-2。

表 3-2 不同直径钨极的许用电流范围

钨极直径/mm	直流正接/A	直流反接/A	交流/A
1.0	15~80	—	20~60
1.6	70~150	10~20	60~120
2.4	140~235	15~30	100~180
3.2	225~325	25~40	160~250
4.0	300~400	40~55	200~320
5.0	400~500	55~80	290~390

(4) **电弧电压** 电弧电压由弧长决定,电压增大时,熔宽稍增大,熔深减小。通过焊接电流和电弧电压的配合,可以控制焊缝的形状。当电弧电压过高时,易产生未焊透,并使氩气保护效果变差,因此,应在不造成短路的情况下,尽量减小电弧长度。钨极氩弧焊的电弧电压选用范围一般是 10~24V。

(5) **氩气流量** 为了可靠地保护焊接区不受空气的污染,必须有足够流量的保护气体。氩气流量越大,保护层抵抗流动空气影响的能力越强。但流量过大时,不仅浪费氩气,而且可能使保护气流形成不规则的紊流,将空气卷入焊接区,反而降低保护效果,所以氩气流量要选择恰当,一般气体流量可按式(3-1)确定

$$Q = (0.8 \sim 1.2)D \tag{3-1}$$

式中 Q——氩气流量(L/min);

D——喷嘴直径(mm)。

(6) 焊接速度 焊接速度加快时,氩气流量要相应加大。焊接速度过快时,由于空气阻力对保护气流的影响,会使保护层可能偏离钨极和熔池,从而使保护效果变差。同时,焊接速度还显著地影响焊缝成形。因此,应选择合适的焊接速度。

(7) 喷嘴直径 增大喷嘴直径的同时,应增大气体流量,此时保护区大,保护效果好。但喷嘴过大时,不仅使氩气的消耗量增加,而且在一些狭窄的焊接区可能使焊枪伸不进去,或妨碍焊工视线,不便于观察和操作。故一般钨极氩弧焊的喷嘴直径 D 以 5~14mm 为佳。

另外,喷嘴直径也可按式(3-2)选择

$$D = (2.5 \sim 3.5)d \tag{3-2}$$

式中 D——喷嘴直径(一般指内径,mm);
　　　d——钨极直径(mm)。

(8) 喷嘴至焊件的距离 喷嘴至焊件的距离是指喷嘴端面和焊件间的距离,这个距离越小,保护效果越好,所以,喷嘴至焊件的距离应尽可能小些,但过小的距离将使操作、观察不便,因此,通常取喷嘴至焊件的距离为 5~15mm,见表 3-3。

表 3-3　氩气流量、喷嘴直径及喷嘴至焊件的距离参考数据

方法	合适的氩气流量/(L/min)	喷嘴直径/mm	喷嘴至焊件的距离/mm
钨极氩弧焊	3~25	5~20	5~12
熔化极氩弧焊	10~50	≤30	8~15

(9) 钨极伸出长度 露在喷嘴外面的钨极长度称为钨极伸出长度。钨极伸出长度过大时,钨极易过热,保护效果差;钨极伸出长度太小时,喷嘴易过热。对接焊时,钨极伸出长度保持为 5~6mm;焊接 T 形接头时,钨极伸出长度最好为 7~8mm。

4. 钨极氩弧焊的材料

(1) 氩气

1)氩气的性质。氩气(Ar)是一种无色、无味的单原子惰性气体。氩气的密度约为空气的 1.4 倍。由于氩气比空气重,使用时不易飘浮散失,因此能在熔池上方形成一层较好的覆盖层,有利于起到保护焊缝金属的作用。另外,在用氩气保护焊接时,产生的烟雾较少,便于观察、控制熔池和电弧。

氩气既不与金属起化学反应,也不溶于金属中,因此可以避免焊缝金属中合金元素的烧损及由此带来的其他焊接缺陷,使得焊接冶金反应变得简单和容易控制。

氩气的另一个应用特点是热导率小且是单原子气体,高温时不分解、不吸热,所以在氩气中燃烧的电弧热量损失较少。在氩气中,电弧一旦引燃,燃烧就很稳定。在各种保护气体中,氩弧的稳定性最好,即使在低电压时也十分稳定。氩气对电弧的热收缩效应较小,即使氩弧长度稍有变化,也不会显著地改变电弧电压,因此电弧稳定,很适合于手工焊接。

2)对氩气纯度的要求。氩气是制氧时的副产品,是通过分馏液化空气制取的。氩气的沸点介于氧、氮之间,因此制取时会残留一定量的其他杂质。若杂质含量多,在焊接过程中不但影响对熔化金属的保护,而且易使焊缝产生气孔、夹渣等缺陷,并使钨极的烧损增加。按我国现行有关标准的规定,氩气纯度应达到 99.99% 才完全合乎焊接铝、钛等活泼金属的要求。

3) 氩气的储运。氩气可在低于-184℃的温度下以液态形式储存和运送，但焊接时，氩气大多装入钢瓶中，供焊工使用。

氩气瓶是一种钢质圆柱形高压容器，其外表涂成银灰色并注有深绿色"氩"字标志字样。目前，我国常用氩气瓶的容积为33L、40L、44L，瓶中的最高工作压力为15MPa。氩气瓶在使用中应直立放置，严禁敲击、碰撞等，也不得用电磁起重搬运机搬运，并防止日光暴晒。装运时，应戴好瓶帽，以免损坏接口螺纹。

（2）钨极 钨极是钨极氩弧焊的电极材料，对电弧的稳定性和焊接质量有很大的影响。通常要求钨极具有电流容量大、施焊损耗小、引弧和稳弧性能好等优点，这主要取决于钨极的电子发射能力大小。

1) 钨极的种类。钨极有纯钨极、钍钨极、铈钨极、锆钨极和镧钨极五种，目前常用的是前三种。

①纯钨极。纯钨极含钨99.85%（质量分数）以上，熔点很高（为3390~3470℃），沸点也很高（约为5900℃），不易熔化和蒸发。纯钨极基本上可以满足焊接的要求，但在使用交流电时，其电流承载能力较低，抗污染能力差，要求焊接电源有较高的空载能力。纯钨极具有寿命较长且抗污染性能较好、容易引弧、所需的引弧电压小、电弧稳定性好等优点，其缺点是成本较高，具有微量的放射性。

②钍钨极。在纯钨极的基础上加入1%~3%（质量分数）的氧化钍的钨极称为钍钨极。由于钨极棒内含有钍元素，使钨极发射电子的能力增加，具有电流承载能力较好、寿命较长且抗污染性能较好、容易引弧、所需电弧电压小、电弧稳定性好等优点。缺点是成本较高，具有微量的放射性。

③铈钨极。在纯钨中加入2%（质量分数）的氧化铈称为铈钨极。与钍钨极相比，在直流小电流焊接时，铈钨极更易引燃电弧，引弧电压比钍钨极低50%，烧损率比钍钨极低5%~50%，最大许用电流密度比钍钨极高5%~8%，具有电弧燃烧稳定、弧束较长、热量集中、使用寿命长等优点。更重要的特点是几乎没有放射性，是一种理想的电极材料，也是我国目前推广使用的钨极。

2) 钨极的型号、规格。

①型号。纯钨极的型号为WP，纯度在99.5%（质量分数）以上；钍钨极的型号有WTh10、WTh20、WTh30；铈钨极的型号有WCe20。型号中的一或两位数字表示主氧化物名义含量（质量分数）乘以1000。

②规格。制造厂家按照长度范围50~600mm、直径0.25~10mm提供各种规格的钨极。

为了方便使用，钨极的一端常涂有颜色，以便识别。例如，纯钨极为绿色，铈钨极为灰色，钍钨极根据添加氧化物的多少分为黄色、红色和紫罗兰色。

③钨极端部形状。钨极端部的形状对电弧稳定性和焊缝成形有一定的影响，图3-5所示为几种钨极端部形状及其对电弧稳定性和焊缝成形的影响。从结果看，采用锥形平端（图3-5b）的效果最好，也是目前经常采用的端部形状。应根据电流的性质及大小选用不同端部形状的钨极。使用交流电源时，钨极端部应磨成圆球形（图3-5c），以减小极性变化对电极的损耗；使用直流电源时，因多采用直流正接，为使电弧集中燃烧和稳定，钨极端部多磨成锥形平端；用小电流施焊时，可以将钨极的端部磨成锥形尖端（图3-5a）。磨削钨极时，应采用密封式或抽风式砂轮机，焊工应戴好口罩，磨削完毕应洗净手、脸。

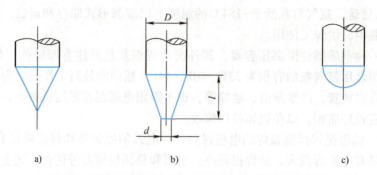

图 3-5 钨极端部形状与电弧稳定性及焊缝成形的关系
a) 电弧稳定，焊缝不均匀　b) 电弧稳定，焊缝良好　c) 电弧不稳定，焊缝不均匀

(3) 焊丝 根据母材种类，钨极氩弧焊所使用的焊丝有钢焊丝、铝焊丝、铜焊丝等，其中钢焊丝包括碳素结构钢焊丝、合金结构钢焊丝和不锈钢焊丝。如果这些钢焊丝都不能满足焊接母材的需要，可采用成分相同或相近的药芯焊丝作为填充金属。

钨极氩弧焊按"等强"与"近性"原则选用焊丝，即选用的焊丝成分应与母材相同或接近。焊接钢材时，焊丝的含碳量最好比母材稍低些，而合金元素可稍高些。

钨极氩弧焊常用的焊丝牌号有：H08Mn2SiA、H10Mn2、H06Cr19Ni10 等。

焊丝直径应根据焊接电流的大小、焊件板厚、装配间隙、接头形式及工作效率等因素来选择。若焊件板厚为 1.4mm，焊接位置是全位置，则可选用的焊丝直径为 0.6~1.2mm；若焊件厚度大于 4mm，且在水平位置焊接，一般选用粗焊丝，直径为 1.6mm 或更大些（1.6~3.0mm）。

二、手工钨极氩弧焊基本技能练习

1. 安全技术

1) 氩弧焊焊工在打磨钨极时，必须把工作服穿戴好，并应戴防护眼镜和口罩；砂轮机应有安全罩和吸尘设施。平时接触钨极时应戴手套，饭前必须认真洗手。

2) 氩弧焊焊工由于工作的特殊性，应设法改善劳动条件，如一台焊机应配备两名焊工轮换操作，以减小劳动强度。

3) 氩弧焊焊工应定期进行健康检查，并根据需要服用多种维生素等。

4) 应正确穿戴劳保用品；劳保用品必须完好无损；注意清理工作场地，不得有易燃、易爆物品，保证现场良好的通风；检查焊机和所使用的工具；操作时必须先戴面罩然后才开始操作，避免电弧光直射眼睛；焊接电缆、焊钳应完好，焊把线应接地良好。

2. 焊前准备

1) 检查焊机各处的接线是否正确、牢固、可靠，并按要求调试好工艺参数。同时，应检查氩弧焊系统水冷却和气冷却系统有无堵塞、泄漏，如发现故障，应及时排除。

2) 焊件与焊丝的清理。

①化学清洗法。首先用汽油或丙酮去除油污，然后将焊件和焊丝放在碱性溶液中浸蚀，取出后用热水冲洗，再把焊件和焊丝放在 30%~50%（质量分数）的硝酸溶液中进行中和，最后用热水冲洗干净并吹（或烘）干。

②机械清洗法。在去除油污后，用钢丝刷或砂布将焊接处和焊丝表面清理至露出光泽，

也可用刮刀清除焊件表面的氧化物。

3) 工装准备。工作服、焊工手套、护脚、面罩、钢丝刷、锉刀应齐备。

3. 操作要领

(1) 焊接姿势 焊接时戴头盔式面罩，左手拿焊丝，右手握焊枪。可采取蹲式焊接或站式焊接，视焊接的位置高低而定。

(2) 引弧 手工钨极氩弧焊通常采用高频或脉冲电压引弧装置进行引弧。这种引弧的优点是钨极与焊件保持一定距离而不接触，就能在施焊点上直接引弧，可使钨极保持完整且消耗小，同时引弧处不会产生夹钨。

没有引弧装置时，可用纯铜板或石墨板作引弧板。将引弧板放在焊件接口旁或接口上面，在其上引弧，待钨极端头加热到一定温度后（约1s），立即移到待焊处引弧。这种引弧适用于普通功能的氩弧焊机。但是在钨极与纯铜板（或石墨板）接触引弧时，会产生很大的短路电流，钨极容易烧损，所以操作时动作要轻而快，防止碰断钨极端头，或造成电弧不稳定而产生缺陷。

(3) 收弧 收弧方法不正确，则容易产生弧坑裂纹、气孔和烧穿等缺陷。应采用衰减电流的方法，即电流自大到小地逐渐下降，以填满弧坑。

一般的氩弧焊机都配有电流自动衰减装置，收弧时，可通过焊枪手把上的按钮断续送电来填满弧坑。若无电流衰减装置，可采用手工操作收弧，其要领是逐渐减少焊件热量，如改变焊枪角度、稍微拉长电弧、断续送电等。收弧时，填满弧坑后慢慢提起电弧直到灭弧，不要突然拉断电弧。

熄弧后，氩气会自动延时几秒钟停气（焊机具有提前送气和滞后停气的控制装置，因此，电弧熄灭后还应继续保持喷嘴在熄弧处停留一段时间，而不应熄弧后马上移开焊枪，以防止金属在高温下发生氧化）。

(4) 焊枪运动形式 手工钨极氩弧焊一般采用左焊法，焊枪做直线运动。为了保证氩气的保护作用，焊枪移动速度不能太快。如果要求焊道较宽，焊枪必须横向移动时，焊枪要保持高度不变，且横向移动要平稳。常用的焊枪摆动方式见表3-4。

表3-4 手工钨极氩弧焊焊枪的基本摆动方式及适用范围

焊枪摆动方式	摆动方式的示意图	适用范围
直线形		I形坡口对接焊、多层多道焊的打底焊
锯齿形		对接接头全位置焊 角接接头的立、横和仰焊
月牙形		
圆圈形		厚件对接平焊

1) 直线摆动。焊枪相对焊缝做平稳的直线匀速移动。优点是电弧稳定，可避免重复加热，氩气保护效果好，焊接质量平稳。

2) 横向摆动。根据焊缝的宽度和接头形式的不同，有时焊枪必须做一定幅度的横向摆动。为了保证氩气的保护效果，摆动幅度要尽可能小，有条件时可采用压道焊（焊枪不做横向摆动,直线运枪。焊完一道焊缝后,再焊第二道、第三道焊缝,后道焊缝要压住前道焊缝的一半,即单层多道焊)。

(5) 焊丝加入熔池方式 手工钨极氩弧焊焊丝加入熔池的方式有断续送丝法和连续送丝法两种。

1) 断续送丝法。焊接时,将焊丝末端在氩气保护层内往复断续地送入熔池的前沿(1/4~1/3处)。焊丝移出熔池时不可脱离气体保护区,送入时不可接触钨极,也不可直接送入弧柱内。这种方法适用于电流较小、焊接速度较慢的情况。送丝的位置如图3-6所示。

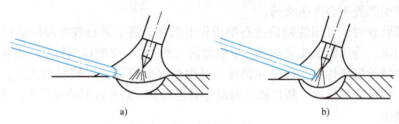

图3-6 断续送丝的位置示意图
a) 正确位置　b) 错误位置

2) 连续送丝法。在焊接时,将焊丝插入熔池一定位置,并往复直线送丝,电弧同时向前移动,熔池逐渐形成,如图3-7所示。这种方法适用于电流较大、焊接速度较快的情况,焊缝质量较好,成形也美观,但需要熟练的操作技术。

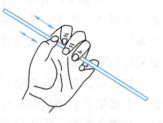

图3-7 连续送丝操作技术

(6) 注意事项
1) 要求操作姿势正确。
2) 钨极端部严禁与焊丝相接触,避免短路。
3) 要求焊道成形美观,均匀一致,直线度好,鱼鳞波纹清晰。
4) 要求焊道无粗大焊瘤。

三、平敷焊练习

1. 运枪练习

取试(钢)板一块(厚度为2~4mm),打磨清理干净表面的铁锈、油污,直至露出金属光泽。在试板上进行运枪练习,不加焊丝,只熔化母材。注意:焊枪做"之"字形摆动,且匀速、平稳,不能出现剧烈的急行、急停,以免影响氩气的保护效果。摆动幅度应一致,形成的焊缝宽窄应一致,波纹均匀致密,不能出现弯曲焊缝。

2. 平敷焊

(1) 确定焊接参数 选用钨极直径为2.5mm;焊丝直径为2.5mm;焊接电流为80~100A;氩气流量为7~9L/min;喷嘴直径为10mm;喷嘴至焊件的距离不大于12mm。

(2) 操作方法 平敷焊时,采用左焊法进行焊接。在焊接过程中,焊枪应保持均匀的直线运动。焊丝的送入方法是使焊丝做往复运动,先将填充的焊丝末端送入电弧区的熔池边缘,待焊丝被熔化后,便将填充的焊丝移出熔池,然后再将焊丝重复送入熔池,如此反复。但是在往复送丝的过程中,不能使填充的焊丝离开氩气保护区,以免高温的填充焊丝的末端被氧化,使焊接质量下降。

电弧引燃后,不要急于送入填充焊丝,要稍停留一定时间,使母材金属形成熔池后,再填充焊丝,以保证熔敷金属和母材金属很好地熔合。

在焊接过程中,要注意观察熔池的大小;焊接速度和填充焊丝应根据具体情况密切配合,应尽量减少接头;要计划好焊丝长度,尽量不要在焊接过程中更换焊丝,以减少停弧次数;若中途停顿,再继续焊接时,要用电弧把原熔池的焊道金属重新熔化,形成新的熔池后再加焊丝,并与前一焊道重叠5mm左右;在重叠处应少加焊丝,使接头处圆滑过渡。

当第一条焊道焊至焊件端部后,再焊第二条焊道。焊道与焊道的间距为30mm左右,每块焊件可焊三条焊道。

练习结束后,必须整理工具和设备,关闭水、电、气源,清理场地,做到"工完场清",并由值日生或指导教师检查,做好记录。

第二节 手工钨极氩弧焊基础训练项目

项目一 板对接平焊实作

一、项目任务

按图3-8的要求,学习板对接平焊(手工钨极氩弧焊)的基本操作技能,完成工件实作任务。

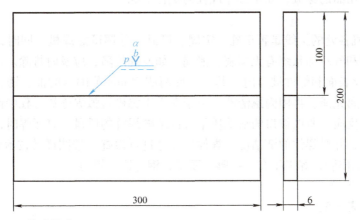

技术要求

1. 焊接方法:手工钨极氩弧焊;材质:Q235;焊丝:H08Mn2SiA(直径为2.5mm);接头形式:板对接接头;焊接位置:水平位置单面焊双面成形。
2. 焊缝根部间隙$b=2.5\sim3$,钝边$p=0.5\sim1$,坡口角度$\alpha=60°$。
3. 焊后变形量应小于3°。

图3-8 板对接平焊施工图

具体要求:掌握板对接平焊(手工钨极氩弧焊)的技术要求及操作要领;会制订板对接平焊(手工钨极氩弧焊)的装焊方案,会选择板对接平焊(手工钨极氩弧焊)的焊接参数,并编制简单的工艺卡(附录B);按焊接安全、清洁和环境要求及焊接工艺完成焊接操作,制作出合格的板对接平焊(手工钨极氩弧焊)工件,并达到评分标准(附录C)的相关质量要求。

二、项目分析

板对接平焊实作是其他位置焊接的基础，而手工钨极氩弧焊的操作与焊条电弧焊有较大的区别。氩弧焊对油污、铁锈较为敏感，所以试件应清理干净。氩弧焊的热量集中，熔深较大，试件应留适当的钝边，同时，打底焊操作时速度要快，背面成形应该很薄，否则经过多层焊后背面焊缝会下坠而造成背面焊缝过高。操作时对左手、右手的协调配合要求较高，因此应多做左手送丝和右手摆动的模拟练习。

填写焊缝分析表（附录A）。

三、项目实施

1. 安全检查

1) 氩弧焊焊工在打磨钨极时，应把工作服穿戴好，戴防护眼镜和口罩；砂轮机应有安全罩和吸尘设置。接触钨极时应戴手套。饭前必须认真洗手。

2) 氩弧焊焊工由于工作的特殊性，应设法改善劳动条件，如一台焊机应配备两名焊工轮换操作，以减小劳动强度。

3) 氩弧焊焊工应定期进行健康检查，并根据需要服用多种维生素等。

4) 应正确穿戴劳保用品；劳保用品必须完好无损；注意清理工作场地，不得有易燃、易爆物品，保证现场通风良好；检查焊机和所使用的工具；操作时必须是先戴面罩然后才开始操作，避免电弧光直射眼睛；焊接电缆、焊枪应完好，焊把线应接地良好。在实作过程中督促和检查劳保用品的穿戴、安全操作规程的执行情况。

2. 焊前准备

1) 检查焊机各处的接线是否正确、牢固、可靠，并调试好焊机。同时，应检查氩弧焊系统中的水冷却和气冷却系统有无堵塞、泄漏，如发现故障，应及时排除。

2) 清除焊丝表面和焊件坡口内及其正、反两侧20mm范围内的油、锈、水分及其他污物，直至露出金属光泽，再用丙酮清洗。由于在手工钨极氩弧焊施焊过程中惰性气体仅起保护作用，无冶金反应，所以坡口的清洗质量直接影响焊缝的质量。氩弧焊时，应特别重视对坡口的清洗工作，并对焊件的清洁度、焊件的尺寸进行检查（按图样及技术要求）。

3) 准备好工作服、焊工手套、护脚、面罩、钢丝刷、锉刀。

3. 选择焊接参数

焊接参数见表3-5。

表3-5 板对接平焊焊接参数

焊接层次	焊丝直径/mm	焊接电流/A	电弧电压/V	钨极直径/mm	气体流量/(L/min)
打底	2.5	90~100	14~17	2.4	6~10
填充层		100~120			
盖面		120~130			6~8

4. 实施装配与焊接

操作要领如下：

(1) 装配与点固

1) 钝边为0.5~1mm；装配间隙为2.5~3mm；预置反变形量为3°；错边量应不大于0.6mm，如图3-9所示。

2）采用与正式焊接时相同牌号的焊丝进行定位焊，定位焊于焊件两端坡口内侧，定位焊焊缝长度为 10～15mm（确保焊缝的强度）；焊后对装配位置和定位焊质量进行检查。

(2) 打底焊 对于手工钨极氩弧焊，通常采用左焊法，故将焊件较大的装配间隙置于左侧。平焊时，焊枪与焊丝的角度如图 3-10 所示。

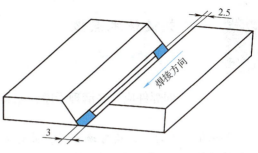

图 3-9 板对接平焊装配图

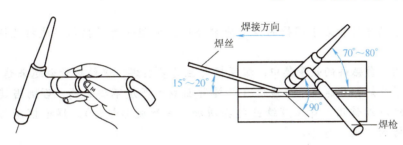

图 3-10 打底焊时焊枪与焊丝的角度（板对接平焊）

1）焊接。引弧后预热引弧处，当定位焊缝左端形成熔池并出现熔孔后开始填丝，填丝方法可选用连续送丝法或断续送丝法。应采用较小的焊枪倾角和较小的焊接电流，而焊接速度和送丝速度应较快，以免焊缝下凹（背面焊缝下坠过多，余高过高）。

当更换焊丝或暂停焊接时，需要接头。（接头熄弧时，焊枪仍须对准熔池进行保护，待其完全冷却后方可移开焊枪。）

注意：接头前应先检查接头熄弧处弧坑的质量，当保护较好、无氧化物等缺陷时，可直接接头；当有缺陷时，须将缺陷修磨掉，并使其前端成斜面。在弧坑右侧 15～20mm 处引弧，并慢慢向左移动，待弧坑处开始熔化并形成熔池和熔孔后，继续填丝焊接。

2）收弧。当焊至焊件末端时，填满弧坑。焊接电流逐渐减小，熔池也将随着减小，焊丝抽离熔池（但不离氩气保护区）。断弧后，氩气须延时 10s 左右关闭，以防熔池金属在高温下氧化。

(3) 填充层焊接 焊接时，焊枪采用锯齿形摆动方式，其幅度应稍大，并在坡口两侧稍作停留，以保证坡口两侧熔合良好，焊道均匀。填充焊道应低于母材 1mm 左右，且不能熔化坡口两侧的棱边（为后面的盖面焊做准备），如图 3-11 所示。

(4) 盖面焊 按表 3-5 的要求调整盖面焊的焊接参数；焊接过程中要进一步加大焊枪的摆动幅度（焊枪摆动应均匀、平稳，以免破坏氩气的保护），保证熔池两侧超过坡口棱边 0.5～1mm，并按焊缝余高决定填丝速度与焊接速度。

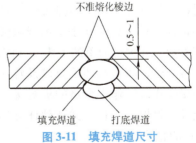

图 3-11 填充焊道尺寸及要求（板对接平焊）

5. 清理现场

练习结束后，必须整理工具和设备，关闭电源，清理场地，做到"工完场清"，并由值日生或指导教师检查，做好记录。

非熔化极气体保护焊板对接平焊

关键技术点拨

手工钨极氩弧焊的三个关键

1. 清洁

即焊件应彻底清理干净，尤其是焊缝两侧和坡口面。

2. 稳定（找一个支点）

要保证焊枪匀速、均匀地运动，最好能有一个可靠的支点（如右手小指竖立并接触工件的垫板），以减少手的抖动。

3. 配合

是指左手的送丝和右手焊枪的摆动应配合好，协调一致（推荐实施打孔焊接，弧到丝到）。

另外，由于氩弧焊的热量集中，熔深较大且是多层焊，焊件热量会越来越高，所以，打底焊时尽量少焊，且速度尽可能快（焊缝背面成形高度不要太高，否则当其他焊道焊完后，受焊缝收缩作用，背面焊缝凸起会增加，导致成形超标）。焊枪摆动与送丝要协调，摆动轨迹为"之"字形。

四、项目评价与总结

参照评分标准（附录C）进行检查。由学生自检、互检以及教师（或专职质检员）检查，并填写质量检查记录卡（附录D）。每天留出部分时间，分小组交流讨论，分享各自的学习成果，共同进步。

项目二　板对接立焊实作

一、项目任务

按图3-12的要求，学习板对接立焊（手工钨极氩弧焊）的基本操作技能，完成工件实作任务。

具体要求：掌握板对接立焊（手工钨极氩弧焊）的技术要求及操作要领；会制订板对接立焊（手工钨极氩弧焊）的装焊方案，会选择板对接立焊（手工钨极氩弧焊）的焊接参数，并编制简单的工艺卡（附录B）；按焊接安全、清洁和环境要求及焊接工艺完成焊接操作，制作出合格的板对接立焊（手工钨极氩弧焊）工件，并达到评分标准（附录C）的相关质量要求。

二、项目分析

板对接立焊时，操作难度较大，主要由于操作中焊枪的角度和电弧的长度在焊接过程中不易控制，而且全程受液态金属重力的作用产生下坠，容易产生焊透过多、焊瘤、

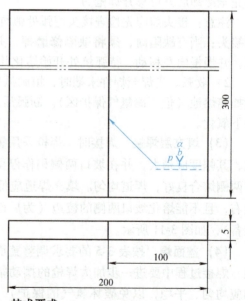

技术要求

1. 焊接方法：手工钨极氩弧焊；接头形式：板对接接头；焊接位置：立焊（向上立焊）；试件材质：Q345。
2. 根部间隙 $b = 2.5 \sim 3.5$；$\alpha = 60°$；$p = 0.5 \sim 1$。

图3-12　板对接立焊施工图

板对接的焊趾处产生咬边、成形不良等缺陷。因此，应选择小直径的喷嘴，采用小的焊接电流（较小的热输入），尽量减小焊枪沿焊缝方向与平板之间的下倾角度。焊接时速度要快，可根据需要进行摆动或不摆动焊接。

填写焊缝分析表（附录 A）。

三、项目实施

1. 安全检查

同本章项目一。

2. 焊前准备

同本章项目一。

3. 选择焊接参数

焊接参数见表 3-6。

表 3-6 板对接立焊焊接参数

焊接层次	焊丝规格/mm	焊接电流/A	电弧电压/V	气体流量/(L/min)
打底	2.5	90~110	10~14	6~10
填充层		90~100	12~13	
盖面		90~110	10~14	6~10

4. 实施装配与焊接

操作要领如下：

（1）装配与点固

1）钝边为 0.5~1mm；装配间隙为 2.5~3.5mm；预置反变形量为 3°；错边量应不大于 0.6mm，如图 3-13 所示。

2）采用与正式焊接时相同牌号的焊丝进行定位焊，定位焊于焊件两端坡口内侧，定位焊焊缝长度为 10~15mm；焊后对装配位置和定位焊质量进行检查。

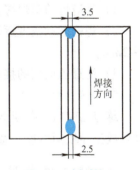

图 3-13 板对接立焊装配示意图

（2）打底焊

1）采用左焊法。焊枪的角度与焊丝的相对位置如图 3-14 所示。钨极端部离熔池的高度为 2mm（太低则易和熔池、焊丝相碰，形成短路；太高则氩气对熔池的保护效果不好）。试件终焊端的间隙要大于始焊端，始焊端定位焊缝要用锉刀或角向砂轮机打磨成斜坡状。

2）焊枪在始焊端定位焊缝处引燃电弧，并移至预先打磨出的斜坡处。起点接头不加或少加焊丝，当出现熔孔后即可转入正常焊接。焊枪做"之"字形窄幅摆动，摆动要平稳、均匀，并注意随时观察熔孔的大小。若发现熔孔不明显，则应暂停送丝，待出现熔孔后再送丝，避免产生未焊透；若熔孔过大，则熔池有下坠现象，应利用电流的衰减功能（或电弧的运调）来控制熔池的温度，以减小熔孔，避免焊缝背面成形过高。

3）焊丝与焊枪的运动要配合协调，同步移动；根据根部间隙的大小，焊丝与焊枪可同步直线向上焊接或做小幅度左右平行摆动向上施焊。

4)收弧时,要防止弧坑产生裂纹和缩孔,可采用电流衰减功能,逐渐降低熔池的温度,然后将熔池由慢变快引至前方一侧的坡口面上,以逐渐减小熔深,并在最后熄弧时保持焊枪不动,同时延长氩气对弧坑的保护直至熔池冷却。

5)接头时,应先在接头处打磨出斜坡状;重新引弧位置在斜坡后5~10mm处;当电弧移至斜坡口内时,稍加焊丝,待移至斜坡口端部并出现熔孔后,转入正常焊接。打底焊缝焊完后,应清理焊缝表面,准备填充层焊接。

(3)填充层焊接

1)填充层焊接时,焊接电流稍大于打底焊时的电流,焊丝、焊枪与试件的夹角与打底焊时相同。

2)由于填充焊缝逐渐变宽,焊枪做"之"字形摆动,幅度也逐渐加大;在坡口两侧稍作停顿,使坡口两侧充分熔

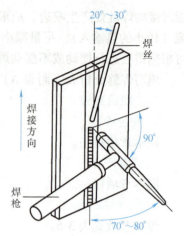

图3-14 焊枪的角度与焊丝的相对位置(板对接立焊)

化,且使打底层可能出现的非金属夹渣物浮出填充层表面,但千万注意不能破坏坡口棱边,否则盖面层每侧增宽的控制将失去基准。

3)填充层的接头应注意与打底层的接头错开,错开距离不小于50mm;接头时,电弧的引燃位置应在弧坑前5~8mm处,引燃电弧后,焊枪横向窄幅摆动,当焊接电弧移至弧坑处时,稍加焊丝使接头平整,随后转入正常焊接。

4)填充层焊完后,焊缝表面应低于试板表面约1mm。

(4)盖面焊

1)先清理前道焊缝,再进行盖面焊。其操作、焊接参数与填充层焊接基本相同。

2)焊枪摆动幅度逐渐增大,在坡口棱边处稍作停顿,使熔池金属将坡口两侧边缘覆盖1~2mm。

3)注意盖面层的接头与填充层的接头要错开,错开距离不小于50mm。

5. 清理现场

练习结束后,必须整理工具和设备,关闭电源,清理场地,做到"工完场清",并由值日生或指导教师检查,做好记录。

> **关键技术点拨**

板对接立焊时,手工钨极氩弧焊不同于焊条电弧焊。焊条电弧焊时,有金属熔滴持续过渡进行填充焊接,而手工钨极氩弧焊时,要靠手工连续添加焊丝进行填充焊接。立焊时,受熔融金属的重力作用和焊接电弧热量的直接作用,易产生钝边豁口过大的现象,从而影响背面成形或形成咬边。操作时应注意:

1)尽量减小焊枪与平板之间沿焊缝垂直方向的下倾角度(60°~70°)。

2)运枪时,电弧的位置应在熔池前端1/3处。

3)填丝时,电弧可稍作停顿,待熔池饱满后,再进行下一焊波的带孔焊接(焊接中两边坡口钝边因电弧加热而形成豁口)。焊接操作时,要始终保持电弧拖带熔池的作用效果,避免出现烧穿等现象。

非熔化极气体保护焊板对接立焊

四、项目评价与总结

参照评分标准（附录C）进行检查。由学生自检、互检以及教师（或专职质检员）检查，并填写质量检查记录卡（附录D）。每天留出部分时间，分小组交流讨论，分享各自的学习成果，共同进步。

项目三　板对接横焊实作

一、项目任务

按图3-15的要求，学习板对接横焊（手工钨极氩弧焊）的基本操作技能，完成工件实作任务。

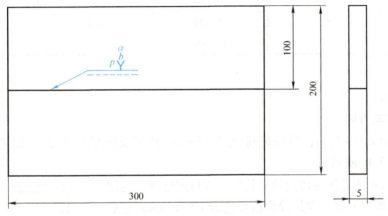

技术要求

1. 焊接方法：手工钨极氩弧焊；接头形式：板对接接头；焊接位置：横焊；试件材质：Q345。

2. 根部间隙 $b=2\sim3$，$\alpha=60°$，$p=0.5\sim1$。

图3-15　板对接横焊施工图

具体要求：掌握板对接横焊（手工钨极氩弧焊）的技术要求及操作要领；会制订板对接横焊（手工钨极氩弧焊）的装焊方案，会选择板对接横焊（手工钨极氩弧焊）的焊接参数，并编制简单的工艺卡（附录B）；按焊接安全、清洁和环境要求及焊接工艺完成焊接操作，制作出合格的板对接横焊（手工钨极氩弧焊）工件，并达到评分标准（附录C）的相关质量要求。

二、项目分析

板对接横焊的操作难度较大，由于双手悬空容易疲劳，且稳定性不易控制，造成焊接速度、电弧长度及送丝位置不易控制。另外，由于全程受液态金属的重力作用，流动性好的金属材料在焊缝背面下半部分易产生偏置性下坠，而焊缝背面上半部分焊趾处易产生咬边、凹陷等缺陷。因此，应选择小直径的喷嘴，采用小的焊接电流（较小的热输入），尽量减小焊枪沿焊缝垂直方向与平板之间的下倾角度；同时，焊接速度要快，可根据需要进行摆动或不摆动焊接。

填写焊缝分析表（附录A）。

三、项目实施

1. 安全检查
同本章项目一。

2. 焊前准备
同本章项目一。

3. 选择焊接参数
焊接参数见表3-7。

表3-7 板对接横焊焊接参数

焊接层次	焊丝规格/mm	焊接电流/A	电弧电压/V	气体流量/(L/min)
打底	2.5	90~100	12~14	6~10
填充层		90~110		
盖面		90~100		

4. 实施装配与焊接
操作要领如下：

(1) 装配与点固

1）钝边为0.5~1mm；装配间隙为2~3mm；预置反变形量为3°；错边量应不大于0.6mm，如图3-16所示。

2）采用与正式焊接时相同牌号的焊丝进行定位焊，定位焊于焊件两端坡口内侧，定位焊焊缝长度为10~15mm；焊后对装配位置和定位焊质量进行检查。

(2) 打底焊

1）左焊法。焊接方向如图3-17所示。试件始焊端的间隙要小于终焊端的间隙，以防止在焊接过程中根部间隙减小。焊前应将起焊处的定位焊缝打磨成斜坡状；在保证焊缝强度的同时，打底层熔敷厚度不超过3mm。打底焊时，焊枪的角度与焊丝的相对位置如图3-17所示。

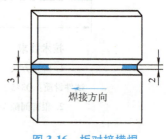

图3-16 板对接横焊装配示意图

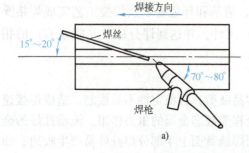

a)

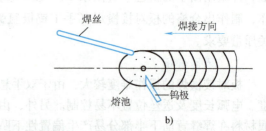

b)

图3-17 焊枪的角度与焊丝的相对位置示意图（板对接横焊）

2）起焊接头处不加或稍加焊丝即可转入正常焊接。对于打底层焊缝的接头，引弧位置在弧坑前5~8mm处，引弧后焊枪做横向窄幅摆动，当电弧移至弧坑处时，稍加焊丝使接头平整,再转入正常焊接。

3)打底层焊完后需清理焊缝表面,随即转入填充层焊接。

(3) 填充层焊接

1)填充层焊接时,焊枪的角度与焊丝的位置与打底层焊接时基本相同;焊接电流稍大于打底焊时的电流;焊枪不摆动,即直线运枪;从下坡口面一道一道往上焊(第2道)。

2)填充层焊接时,应注意控制熔池的温度,避免焊缝凸起,且焊完后焊缝表面应低于试板表面约1mm,同时不能熔化坡口两侧的棱边。填充层的接头应与打底层的接头错开,错开距离不小于25mm。

3)焊完后需清理焊缝表面,随即转入盖面焊。

(4) 盖面焊

1)盖面焊与填充层焊接基本相同,由坡口下部一道一道往上焊(第3道)。

2)焊下焊道时,电弧以填充焊道的下沿为中心摆动,使熔池的上沿在填充焊道的2/3处,熔池的下沿超过坡口下棱边0.5~1.5mm。

3)焊上焊道时,电弧以填充焊道的上沿为中心摆动,使熔池的上沿超过坡口上棱边0.5~1.5mm。焊丝的送进和焊枪的移动应配合协调,避免坡口上侧出现咬边。

4)盖面层焊道的接头应彼此错开,错开距离不小于50mm。

5. 清理现场

练习结束后,必须整理工具和设备,关闭电源,清理场地,做到"工完场清",并由值日生或指导教师检查,做好记录。

非熔化极气体保护焊板对接横焊

> **关键技术点拨**

手工钨极氩弧焊板对接横焊操作时,应注意电弧的运用。对于流动性较差的金属材料,可加大焊枪与平板之间沿焊缝垂直方向的下倾角度,但不宜超过90°;电流的大小应适中;在电弧热的作用下,进行由下而上的焊丝跟进,连续拖带即可。对于流动性较好的金属材料,则要尽量减小焊枪与平板之间沿焊缝垂直方向的下倾角度,焊接时速度要快,在电弧热的作用下,焊丝由下而上连续跟进、拖带,在打孔焊接的同时,熔池要始终处于饱满状态,防止背面产生咬边或凹陷等缺陷。

为保证背面焊缝成形良好,打底焊时,电弧中心应对准上坡口,同时送丝位置要准确,焊接速度要快,尽量缩短熔池存在的时间。填充层、盖面的焊接采用直线运枪,以保证焊缝的平整,焊道与焊道之间均匀、光滑过渡。操作时,后一焊道必须压住前一焊道的1/2(熔池存在于前层焊缝与前道焊缝夹角的中心线上,熔池下沿与前一道焊缝均匀过渡,俗称"烧角",如图3-18所示)。盖面焊最后一道焊缝时,焊接速度要快,并增加送丝频率,适当减少送丝量,以保证焊缝美观。

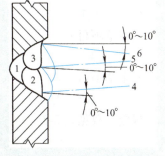

图3-18 "烧角"示意图

四、项目评价与总结

参照评分标准（附录 C）进行检查。由学生自检、互检以及教师（或专职质检员）检查，并填写质量检查记录卡（附录 D）。每天留出部分时间，分小组交流讨论，分享各自的学习成果，共同进步。

项目四　板对接仰焊实作

一、项目任务

按图 3-19 的要求，学习板对接仰焊（手工钨极氩弧焊）的基本操作技能，完成工件实作任务。

具体要求：掌握板对接仰焊（手工钨极氩弧焊）的技术要求及操作要领；会制订板对接仰焊（手工钨极氩弧焊）的装焊方案，会选择板对接仰焊（手工钨极氩弧焊）的焊接参数，并编制简单的工艺卡（附录 B）；按焊接安全、清洁和环境要求及焊接工艺完成焊接操作，制作出合格的板对接仰焊（手工钨极氩弧焊）工件，并达到评分标准（附录 C）的相关质量要求。

二、项目分析

板对接仰焊是焊接难度最大的一种焊接位置，主要困难在于熔池因自重下坠，易形成背面下凹或焊瘤。除运枪、送丝配合协调外，还要严格控制热输入和冷却速度。施焊时，要随时根据熔池的状况调整焊枪的角度，"顶"住金属液，防止下淌。

填写焊缝分析表（附录 A）。

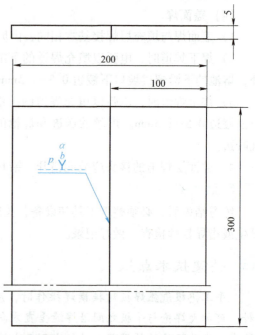

技术要求

1. 焊接方法：手工钨极氩弧焊；接头形式：板对接接头；焊接位置：仰焊；试件材质：Q345。
2. $b=2\sim 3$，$p=0.5\sim 1$，$\alpha=60°$。

图 3-19　板对接仰焊施工图

三、项目实施

1. 安全检查

同本章项目一。

2. 焊前准备

同本章项目一。

3. 选择焊接参数

焊接参数见表 3-8。

表 3-8　板对接仰焊焊接参数

焊接层次	焊丝规格/mm	焊接电流/A	电弧电压/V	气体流量/(L/min)
打底		90~110	10~14	7~12
填充层	2.5	90~110	10~14	6~10
盖面		90~110	10~14	7~12

4. 实施装配与焊接

操作要领如下：

(1) 装配与点固

1) 钝边为 0.5~1mm；装配间隙为 2~3mm；预置反变形量为 3°；错边量应不大于 0.6mm，如图 3-20 所示。

2) 采用与正式焊接时相同牌号的焊丝进行定位焊，并定位焊于焊件两端坡口内侧，定位焊焊缝长度为 10~15mm；焊后对装配位置和定位焊质量进行检查。

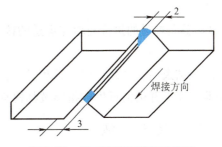

图 3-20 板对接仰焊装配示意图

(2) 打底焊

1) 采用左焊法。焊接时，钨极端部距离熔池的高度为 2mm。起焊时，在始焊端定位焊缝上引燃电弧并移至预先打磨出的斜坡处，不加或稍加焊丝。焊接时，一定要采用短弧；焊枪做月牙形摆动，并随时调整焊枪的角度（倾角）；采用断续送丝，焊缝背面余高一般为 0~2mm。持枪方法和焊枪的角度如图 3-21 所示。

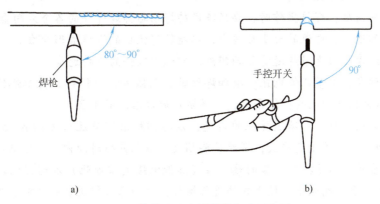

图 3-21 持枪方法和焊枪的角度示意图

非熔化极气体保护焊板对接仰焊

2) 接头处在焊前应打磨成斜坡状，引弧位置在斜坡后 5~10mm，当电弧移至斜坡内时，稍加焊丝，焊至斜坡端部出现熔孔后即转入正常焊接。

3) 最后熄弧时，应保持焊枪不动，并延长氩气对熔池的保护，熔池冷却后再移开焊枪。打底层焊道的熔敷厚度不超过 3mm。焊完打底层后应清理焊缝表面。

(3) 填充层焊接

1) 填充层焊接与打底焊基本相同，只是焊接电流和焊枪摆动幅度稍大。焊接时，焊枪在坡口两侧稍作停留，以保证坡口两侧熔合良好，同时还要避免焊缝凸起。

2) 填充焊道的接头应与打底焊道的接头错开，错开距离不小于 25mm。填充层焊完后，焊缝表面应低于试板表面约 1mm，且坡口两侧的棱边不能被熔化。

3) 填充层焊完后需清理焊缝表面，随即转入盖面焊。

(4) 盖面焊

1) 盖面焊与填充层焊接基本相同，需注意采用短弧（钨极端头距离熔池 2~3mm），防止因金属液下坠而形成焊瘤。

2）焊枪摆动幅度稍大，并超过坡口棱边 0.5~1.5mm（不能太宽，否则焊缝边缘会出现咬边）。

3）盖面焊道的接头与填充焊道的接头应错开 50mm 以上。

5. 清理现场

练习结束后，必须整理工具和设备，关闭电源，清理场地，做到"工完场清"，养成良好职业习惯，并由值日生或指导教师检查，做好记录。

> ☞ 关键技术点拨
>
> 板对接仰焊时，为保证背面成形良好，不形成下凹，防止熔池下塌，可采用的关键方法是"小电流、大气流、短电弧、快焊速、浅熔池、常灭弧"，以便加快冷却和凝固，起到"推顶"的作用。送丝时，左手将焊丝贴坡口（保证送丝的准确性）均匀有节奏地送进，当焊丝端部进入熔池时，应将焊丝端头轻轻挑向坡口根部，同时，电弧在坡口两侧稍作停留。可采用灭弧法进行焊接，但熔池不能太大，需增加熔池的冷却速度，从而防止熔融金属下坠。具体要点如下。
>
> 1）焊枪的角度：焊接操作时，要始终保持焊枪与仰焊焊件的各个方向垂直。
>
> 2）电流的选择：电流的大小应适中，以能获得优良的焊缝成形为准。
>
> 3）焊接速度：为克服焊缝背面的凹陷，宜选用较快的焊接速度。
>
> 4）电弧运条：尽量压低电弧；填加焊丝时，电弧可稍作停顿，待熔池饱满后，利用电弧顶住液态金属进行运条；运条时，电弧不应超过熔池的 1/3。
>
> 5）填丝方向和位置：填送焊丝的角度，以与仰板沿焊缝运行方向成 15° 为宜；要在熔池的前端加入，送丝速度要快，送丝量要稍大，以在最短时间内形成饱满熔池为宜。
>
> 6）操作姿势：为了提高电弧的稳定性（压低电弧更需如此）和送丝的准确度，可选用站姿和蹲姿、单手或双手依托于焊件进行操作，以确保获得优良的焊缝成形。

四、项目评价与总结

参照评分标准（附录C）进行检查。由学生自检、互检以及教师（或专职质检员）检查，并填写质量检查记录卡（附录D）。每天留出部分时间，分小组交流讨论，分享各自的学习成果，共同进步。

第三节　手工钨极氩弧焊拓展训练项目

项目五　骑座式管板垂直俯位焊实作

一、项目任务

按图 3-22 的要求，学习骑座式管板垂直俯位焊（手工钨极氩弧焊）的基本操作技能，完成工件实作任务。

具体要求：掌握骑座式管板垂直俯位焊（手工钨极氩弧焊）的技术要求及操作要领；

会制订骑座式管板垂直俯位焊(手工钨极氩弧焊)的装焊方案,会选择骑座式管板垂直俯位焊(手工钨极氩弧焊)的焊接参数,并编制简单的工艺卡(附录B);按焊接安全、清洁和环境要求及焊接工艺完成焊接操作,制作出合格的骑座式管板垂直俯位焊(手工钨极氩弧焊)工件,并达到评分标准(附录C)的相关质量要求。

二、项目分析

骑座式管板垂直俯位焊操作时,液态金属受重力的作用下坠,容易在管子的焊趾处产生咬边;板的焊趾处成形不良,甚至出现焊瘤或未熔合等缺陷。由于坡口角度较小,焊炬伸入根部困难,因此应选择小直径的喷嘴,采用小的焊接电流(较小的热输入)。焊接时,速度要快,采用不摆动(或小幅摆动)直线焊接。

填写焊缝分析表(附录A)。

三、项目实施

1. 安全检查
同本章项目一。

2. 焊前准备
同本章项目一。

3. 选择焊接参数
焊接参数见表3-9。

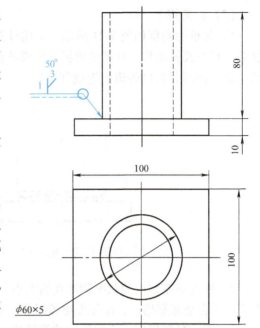

技术要求

1. 焊接方法:手工钨极氩弧焊;材质:Q235;焊丝牌号:H08Mn2SiA(直径为2.5);接头形式:骑座式管板角接接头;板件规格:100×100×10;管件规格:φ60×5×80;焊接位置:平角焊。

2. 采用单面焊双面成形;焊脚尺寸 $K=8±1$;钢板孔与钢管同心装配。

图3-22 骑座式管板垂直俯位焊施工图

表3-9 骑座式管板垂直俯位焊焊接参数

焊接层次	焊丝直径/mm	焊接电流/A	电弧电压/V	钨极直径/mm	气体流量/(L/min)
打底(1)	2.5(H08Mn2SiA)	80~90	12~14	2.4	6~10
盖面(2、3)		85~95			
		90~100	12~16		

4. 实施装配与焊接
操作要领如下:

(1) 装配与点固

1)采取一点定位焊。将焊件放在焊接工作台上,采用与正式焊接相同牌号的焊丝进行定位焊,定位焊焊缝长度为10~15mm,要求焊透,焊脚不能过高。定位焊如图3-23所示。

2)定位焊质量检查。定位焊后,管子应垂直于孔板,并对装配位置和定位焊质量进行检查。

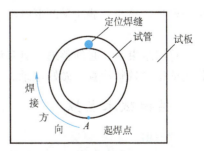

图3-23 定位焊示意图
(骑座式管板垂直俯位焊)

(2) 打底焊

1) 焊枪的角度如图 3-24 所示。采用外送丝左焊法。焊前用锉刀或角向砂轮机将定位焊缝两头打磨成斜坡状，并调整钨极伸出喷嘴的长度。当焊至定位焊缝时，应少加焊丝或不填丝（定位焊缝是打底焊道的组成部分）。

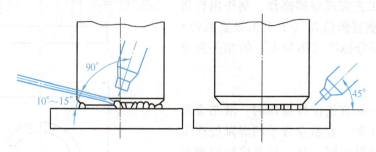

图 3-24　打底焊焊枪的角度与焊丝的相对位置（骑座式管板垂直俯位焊）

2) 注意观察熔池的状况和熔孔的大小，熔孔应深入母材 0.5mm 左右，熔池金属应清晰明亮。为保证根部熔透，应压低电弧操作。打底焊道的厚度不小于 2mm，如图 3-25 所示。

3) 焊完打底层后，应用角向砂轮机清理焊趾处的氧化物，然后进行盖面焊。

(3) 盖面焊

1) 采用一层两道焊，左焊法。如图 3-26 所示，第一道焊缝应保证焊脚尺寸为 5~6mm。最后一道焊缝的焊脚应在 5~6mm 范围内，并注意管的焊趾处的咬边深度不应大于 0.5mm。

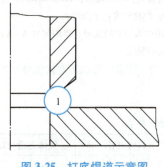

图 3-25　打底焊道示意图
（骑座式管板垂直俯位焊）

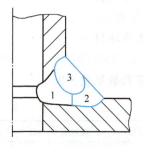

图 3-26　盖面焊示意图
（骑座式管板垂直俯位焊）

2) 盖面焊时，焊道接头应错开，焊接速度适当加快，送丝频率也要加快，但要适当减少送丝量。整条焊缝应呈凹形圆滑过渡，焊缝厚度为 3.5~4mm。

5. 清理现场

练习结束后，必须整理工具和设备，关闭电源，清理场地，做到"工完场清"，并由值日生或指导教师检查，做好记录。

关键技术点拨

"三盯"

(1) 盯间隙　焊接过程中时刻保持焊接间隙的存在。起焊处的间隙应大于定位处的间隙（0.5~1mm），并预留焊接收缩量，给后续焊接提供方便，以保证焊透、均匀。

（2）盯钝边 焊接过程中时刻保持焊接钝边的熔化。焊接时，要紧盯孔板待焊处的直角边和管件待焊处的坡口钝边，待其充分熔化且出现孔板直角边凹陷和管件坡口出现豁口时，再进行填丝焊接。

（3）盯熔池 焊接过程中始终保持焊接熔池的饱满。由孔板待焊处起焊时，先将孔板处直角边充分熔化后，填丝饱满并上带至管件坡口钝边处，再进行压带（时间不宜过长）。后续各点均在两边出现稍许豁口时，迅速填丝，以使熔池处于饱满状态，防止背面产生咬边。

四、项目评价与总结

参照评分标准（附录 C）进行检查。由学生自检、互检以及教师（或专职质检员）检查，并填写质量检查记录卡（附录 D）。每天留出部分时间，分小组交流讨论，分享各自的学习成果，共同进步。

项目六 管对接垂直固定焊实作

一、项目任务

按图 3-27 的要求，学习管对接垂直固定焊（手工钨极氩弧焊）的基本操作技能，完成工件实作任务。

具体要求：掌握管对接垂直固定焊（手工钨极氩弧焊）的技术要求及操作要领；会制订管对接垂直固定焊（手工钨极氩弧焊）的装焊方案，会选择管对接垂直固定焊（手工钨极氩弧焊）的焊接参数，并编制简单的工艺卡（附录 B）；按焊接安全、清洁和环境要求及焊接工艺完成焊接操作，制作出合格的管对接垂直固定焊（手工钨极氩弧焊）工件，并达到评分标准（附录 C）的相关质量要求。

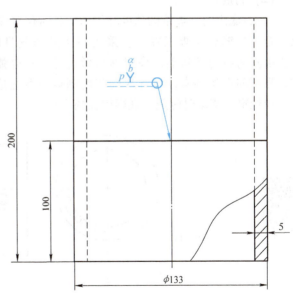

技术要求
1. 焊接方法：手工钨极氩弧焊；接头形式：管对接接头；焊接位置：横焊；试件材质：20G 钢管。
2. $b=3\sim4$，$\alpha=60°$，$p=1$。

图 3-27 管对接垂直固定焊施工图

二、项目分析

本项目为大直径管垂直固定焊，与板对接横焊基本相同。不同的是，管对接垂直固定焊焊枪的角度要随焊接管件外表面圆弧位置的改变而改变，操作者需围着管子分步转动。为保证装配强度，可采用两点定位。

填写焊缝分析表（附录 A）。

三、项目实施

1. 安全检查

同本章项目一。

2. 焊前准备

同本章项目一。

3. 选择焊接参数

焊接参数见表3-10。

表 3-10 管对接垂直固定焊焊接参数

焊接层次	焊丝规格/mm	焊接电流/A	电弧电压/V	气体流量/(L/min)
打底		90~100	12~14	6~10
填充层	2.5	95~105	12~16	6~10
盖面		100~110	12~14	6~8

4. 实施装配与焊接

操作要领如下：

(1) 装配与点固 采用两点定位焊，如图3-28所示。采用与正式焊接相同牌号的焊丝进行定位焊，定位焊焊缝长度为10~15mm，要求焊透。焊后对装配位置和定位焊质量进行检查。

(2) 打底焊

1) 打底焊时，焊枪的角度和焊丝的相对位置如图3-29所示。定位焊缝处于焊工左侧，采用左手外送丝且断续送丝。焊枪由左向右匀速移动，采用锯齿形运枪法；电弧交替加热坡口根部和焊丝端头，注意观察和控制坡口两侧应熔透、均匀；焊枪窄幅摆动时应随时观察熔孔的大小。

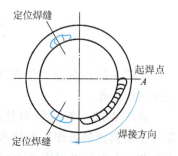

图 3-28 定位焊示意图
（管对接垂直固定焊）

非熔化极气体保护焊管对接垂直固定焊接

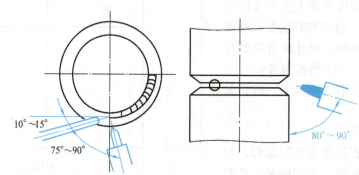

图 3-29 打底焊时焊枪的角度和焊丝的相对位置图（管对接垂直固定焊）

2) 当焊至定位焊缝斜坡处（预先打磨出斜坡状）时，应减少送丝量，使接头实现圆滑平整过渡。封闭接头时，熔池应与引弧点焊缝重合4~5mm，然后将熔池由慢变快引至前方一侧的坡口面上，保持焊枪不动，并延长氩气保护。

3) 打底层焊完后需清理焊缝表面，随即转入填充层焊接。

(3) 填充层焊接

1) 填充层焊接时，焊枪、焊丝与试件的夹角同打底焊。焊枪摆动的幅度稍大，在坡口两侧稍作停留,使之充分熔合,但不能熔化两侧棱边,避免焊缝凸起。焊丝端头轻擦打底焊缝表面均匀向熔池送进。

2) 接头时,重新引弧的位置在弧坑前5~8mm,电弧移至弧坑处时稍加焊丝,然后再转入正常焊接。焊完后,焊缝表面应低于试板表面约1mm。焊完后还需清理焊缝表面,随即转入盖面焊。

(4) 盖面焊

1) 采用一层两道焊;焊枪的角度和焊道相对位置如图3-30所示;焊接电流比填充层焊接时的电流小些。

2) 焊第一道焊缝时,使电弧以填充层下沿为中心摆动,并使熔池的上沿在填充层的2/3处,熔池的下沿超过坡口下棱边0.5~1.5mm,以实现与前道焊缝的圆滑过渡。

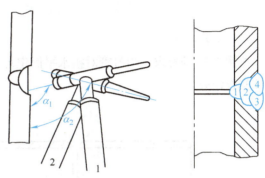

图3-30 盖面焊焊枪的角度和焊道相对位置示意图

3) 焊最后一道焊缝时,焊接速度稍快,增加送丝频率,适当减少送丝量;焊枪的移动和送丝配合协调,使熔池下沿盖住前道焊缝的1/2,上沿超过坡口上棱边0.5~1.5mm,且熔合良好,同时避免坡口上沿咬边。

5. 清理现场

练习结束后,必须整理工具和设备,关闭电源,清理场地,做到"工完场清",并由值日生或指导教师检查,做好记录。

☞ 关键技术点拨

1. 恰当选位、熔孔清晰、准确送丝、匀速转腕

管对接垂直固定焊的实质是横焊,区别在于焊缝是圆弧形;操作者的选位和工件在工装上的位置高低(最适合自己身高和手的高度)很关键,一个位置应尽可能多焊,避免出现过多的熄弧,即过多的焊缝接头。为保证背面焊缝成形良好,打底焊时,电弧中心应对准上坡口,同时送丝位置要准确(焊丝贴着坡口均匀、有节奏地送进,当焊丝端部进入熔池时,将焊丝端头轻轻挑向坡口根部),焊接速度要快,尽量缩短熔池存在的时间。焊接过程中,若熔孔不明显,则应暂停送丝,待出现明亮清晰的熔孔后再送丝;若熔孔过大,金属液易下坠,可利用电流衰减功能控制熔池的温度,从而缩小熔孔。为了保证焊缝成形的一致性,要求焊接时焊枪的角度随焊接管件外表面圆弧位置的改变而改变。另外,为了保证焊接操作过程中的可视性和可达性良好,焊接时,手腕要转动,身体的上半部分也随之做圆弧状移动。

2. 焊丝与钨极发生触碰的处理流程

焊丝与钨极发生触碰后,会瞬间短路而造成焊缝污染和夹钨,此时,应立即停止焊接,用砂轮磨去被污染处,直至露出金属光泽;同时,重新磨尖被污染的钨极,随后方可继续焊接。

四、项目评价与总结

参照评分标准（附录 C）进行检查。由学生自检、互检以及教师（或专职质检员）检查，并填写质量检查记录卡（附录 D）。每天留出部分时间，分小组交流讨论，分享各自的学习成果，共同进步。

项目七　管对接水平固定焊实作（向上焊）

一、项目任务

按图 3-31 的要求，学习管对接水平固定焊（手工钨极氩弧焊）的基本操作技能，完成工件实作任务。

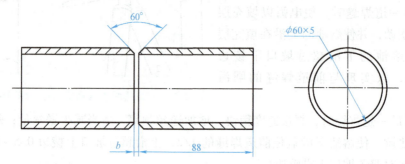

技术要求

1. 焊接方法：手工钨极氩弧焊；材质：Q235；接头形式：管对接接头；管件规格：$\phi 60 \times 5 \times 88$；焊接位置：水平固定焊（向上焊）。
2. 单面焊双面成形，根部间隙 b 自定。
3. 焊缝宽度 $c =$ 坡口宽度 $+3$，焊缝余高 $h = 2 \pm 1$。

图 3-31　管对接水平固定焊施工图

具体要求：掌握管对接水平固定焊（手工钨极氩弧焊）的技术要求及操作要领；会制订管对接水平固定焊（手工钨极氩弧焊）的装焊方案，会选择管对接水平固定焊（手工钨极氩弧焊）的焊接参数，并编制简单的工艺卡（附录 B）；按焊接安全、清洁和环境要求及焊接工艺完成焊接操作，制作出合格的管对接水平固定焊（手工钨极氩弧焊）工件，并达到评分标准（附录 C）的相关质量要求。

二、项目分析

管对接水平固定焊，由于存在着平、立、仰等多种位置的操作，也称为全位置焊接。为清楚形象地表示各点的焊接位置，常用时钟的钟点数字来表示焊接位置。焊接时，由于随着焊接位置的改变，熔融金属受重力作用的方式也在改变，焊枪的角度和焊接操作时的手形、身形都将发生较大变化，因此，要特别注意整个焊接过程中各方位焊接操作的变化与调整。焊接电流的大小要合适；严格采用短弧，控制熔池存在的时间。

填写焊缝分析表（附录 A）。

三、项目实施

1. 安全检查

同本章项目一。

2. 焊前准备
同本章项目一。

3. 焊接参数
焊接参数见表 3-11。

表 3-11 管对接水平固定焊焊接参数

焊接层次	焊丝直径/mm	焊接电流/A	电弧电压/V	钨极直径/mm	气体流量/(L/min)
打底	2.5(H08Mn2SiA)	80~90	12~14	2.4	6~10
盖面		85~95	12~16		

4. 实施装配与焊接
操作要领如下：

(1) 装配与点固 采用一点定位焊（"12 点"位置，根部间隙为 2.5mm；间隙小的一段置于"6 点"位置，根部间隙为 2mm），如图 3-32 所示。采用与正式焊接相同牌号的焊丝进行定位焊，定位焊焊缝长度为 10~15mm，要求焊透。焊后对装配位置和定位焊质量进行检查。

(2) 打底焊

1）打底焊时，焊枪的角度和焊丝的相对位置如图 3-33 所示。控制好钨极、喷嘴和焊缝的位置，即钨极垂直于管子的轴线，喷嘴至两管的距离要相等。采用小的热输入，快速小摆动，严格控制层间温度不大于 60℃。

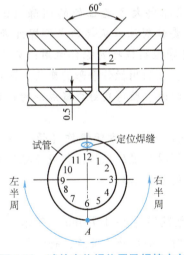

图 3-32 试件定位焊位置及焊接方向示意图（管对接水平固定焊）

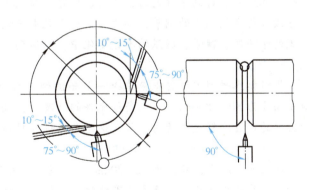

图 3-33 打底焊焊枪的角度和焊丝的相对位置示意图（管对接水平固定焊）

2）先焊右半周。起焊处在仰焊部位"6 点"位置，钨极端部与母材距离约为 2mm 时引燃电弧（高频引弧），弧长控制为 2~3mm，焊枪暂留在引弧处不动，待坡口两侧加热 2~3s 并获得一定大小、明亮清晰的熔池后，开始往熔池填送焊丝进行焊接。

3）左手送丝，将焊丝与通过熔池的切线成 15°送入熔池前方，将焊丝沿内部坡口的根部上方送到熔池后，要轻轻将焊丝向熔池里推进并向管内坡口根部摆动，将熔化金属送至坡口根部，以得到能熔透正、反面，成形良好的焊缝。

4)"12点"平焊位置,即在定位焊缝的斜坡处,应少加焊丝,使焊缝与接头圆滑过渡。通过定位焊缝时,不加焊丝,直接自熔通过,避免焊缝凸起。在定位焊缝的另一斜坡处,也要少加焊丝,便于后半周接头。右半周要通过"12点"位置,在"11点"处收弧。

5)焊完右半周一侧后,转到管子另一侧,焊接左半周。引弧点应在"5点"位置处,以保证焊缝重叠。焊接按顺时针方向通过"11点"位置,焊至"12点"处收弧;焊接结束时,应与右半周焊缝重叠4~5mm。焊缝厚度约为2.5mm。

(3) 盖面焊

1)焊枪的横向摆动幅度大于打底焊时的摆动幅度,摆动到坡口两侧棱边处应稍作停顿,将填充焊丝和棱边熔化,并控制每侧增宽为0.5~1.5mm。盖面焊道如图3-34所示。

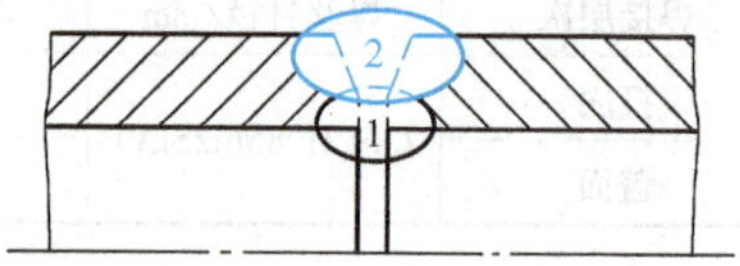

图3-34 盖面焊道示意图
(管对接水平固定焊)

2)焊接时,焊接速度应稍快,以保证熔池两侧与管子棱边熔合良好。接头方法应正确,接头要圆滑,无明显接痕。

5. 清理现场

练习结束后,必须整理工具和设备,关闭电源,清理场地,做到"工完场清",并由值日生或指导教师检查,做好记录。

🔑 关键技术点拨

1. 焊接参数和操作手法随焊接位置的变化而变化

管对接水平固定手工钨极氩弧焊时,起焊处的间隙要大于定位处的间隙(0.5~1mm);由于是全位置(平、立、仰)焊接操作,所以要时刻注意从起始点仰焊处开始,上行至立焊处、再到平焊处时,手形、电弧、熔池状态等控制技巧的综合运用;必要时,可分段进行焊接电流的调节;如焊接全过程无电流调节,可利用操作手形的变化,使焊接电流处于顶弧、飘弧、压弧的渐进变化中,以达到控制熔池、获得良好焊缝成形的目的。

2. 高度恰当、姿态舒展

管对接水平固定焊首先应选择一个合适的工件放置高度,以方便操作(管子下端距地面高度为800~850mm)。在条件允许的情况下,任何焊接位置的操作,都应使操作者处于较好的位置和舒适灵活的姿势,这也是保证焊接质量的重要基础。

3. 快速判断氩弧焊的气体保护效果

在生产实践中,孔径为12~20mm的喷嘴,氩气流量范围为8~16L/min。气体流量过小时,容易产生气孔、焊缝氧化等缺陷;气体流量过大时,则会产生紊流,将空气卷入焊接区,从而降低保护效果。在生产中,可通过观察焊缝的表面色泽和是否存在气孔来判断氩气的保护效果。焊接不锈钢时,表面呈银白色或金黄色时为最好,蓝色为良好,红灰色为一般,黑色表示保护效果差。焊接铝合金时,表面呈银白色时表示保护效果好,呈黑灰色时表示保护效果差。

四、项目评价与总结

参照评分标准(附录C)进行检查。由学生自检、互检以及教师(或专职质检员)检查,并填写质量检查记录卡(附录D)。每天留出部分时间,分小组交流讨论,分享各自的学习成果,共同进步。

第四节　工程实践及应用案例

一、吊环吊耳的多层氩弧焊

在起吊各种产品时，需要用到不同类型的吊环吊耳，它们都是用圆棒加热弯曲成形的，在对接处用焊接方法连接，所有焊缝都要经过 X 射线检测合格后方可使用。用氩弧焊焊接，可使接头合格率大为提高，效果良好。

1. 吊环吊耳的结构类型

吊环吊耳一般采用 20、25 圆钢棒弯制成形，有特殊要求的用 30CrMnSiA 制作，钢棒直径为 10~20mm，并采用焊接连接。直径大于 20mm 的，均采用锻造成形。吊环吊耳的形状如图 3-35 所示。

在计算好所需形状的展开料尺寸后，要对两端头进行焊接坡口加工，坡口形状尺寸如图 3-36 所示。图中 $\alpha = 60° \sim 70°$，$D = 10 \sim 20mm$，$p = 1.5 \sim 2mm$，$b = 1.5 \sim 2mm$。

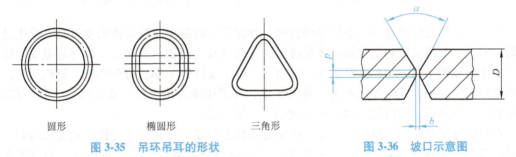

图 3-35　吊环吊耳的形状　　　　图 3-36　坡口示意图

2. 焊前准备

焊接前，坡口处必须清理干净。经过热弯成形的焊件表面及坡口存有许多氧化皮、铁锈等，应清理干净，以避免焊接时产生气孔、夹渣等。

清理时，可用锉刀进行打磨，直至露出金属光泽。打磨范围为：焊缝周围 10mm 内都必须清理干净。

3. 焊接参数

一般在焊接 20 钢、25 钢时，不需加热保温，操作现场环境应无强烈对流穿堂风，室温应保证在 10℃ 以上。若材料为 30CrMnSiA 时，必须进行焊前预热及焊后缓冷等措施。钨极采用铈钨极，并磨削成平底尖锥形。和焊件相匹配的焊丝见表 3-12，焊接参数见表 3-13。

表 3-12　焊件与焊丝的预热温度和缓冷温度

焊件材料	焊丝	预热温度	缓冷温度
20 钢、25 钢	H08Mn2Si	无	无
30CrMnSiA	H18CrMoA	150~200℃	400℃

表 3-13　焊接参数

焊接电流	极性	焊丝直径	钨极直径	喷嘴直径	氩气流量
70~120A	直流正接	1.6~2mm	1.5~2mm	8~12mm	8~12L/min

4. 操作方法

在圆锥中心、焊缝中心开始一层一层焊接，如图 3-37 所示。

首先在圆锥中心根部加热熔化焊接,确保根部中心处焊透;可加少量焊丝填充,不可多焊;翻转位置再从根部焊透熔合好第一层。翻转位置方向可按顺时针方向进行,以便观察熔池和操作。因为是圆棒,焊接位置要发生变化,焊接处应处于水平位置,焊一段翻转一个角度或变换一个位置。每焊一层,厚度应为 1~2mm,不宜焊得过高或过厚。如果焊得过厚,焊缝堆积在一面,焊下一段时容易产生夹渣。焊好一层后再焊第二层,其操作方法同第一层。第一、第二层为根部打底焊,焊缝较窄,焊枪可不做摆动,焊枪与焊丝的位置如图 3-38 所示。

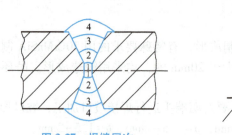

图 3-37 焊缝层次

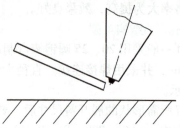

图 3-38 焊枪与焊丝的位置

当第一、第二层焊好后,要控制焊件的层间温度,以避免连续焊接温度过高,产生过烧现象。同时,要用扁铲和钢丝刷清理焊缝上的氧化皮及夹渣物。清理后,焊件的温度也降下来了,把电流调小 10~20A 再焊第三、第四层。由于坡口为 V 形,焊到第三、第四层时,焊缝的宽度有所增加,这时焊枪可进行横向摆动,并采用锯齿形运枪。焊完第三、第四层后,同样要控制层间温度和清理焊缝,方法同第一、第二层。

在焊第五层及最后一层时,一定要控制好焊件的温度,这是一个关键。温度太高时,会引起焊缝组织成分过烧和严重的咬边现象,并会影响使用要求;温度过低时,会导致未熔合,使焊缝敷在下一层形成夹层,X 射线检测不合格。最后一层的焊缝可采用月牙形摆动,以保证焊缝高度和不产生咬边现象。焊缝要圆滑过渡,表面不能有凹凸不平现象,如有局部咬边,可进行局部补焊,以免咬边处引起应力集中,造成不良后果。

如果在焊接时产生了气孔、夹渣、夹钨等缺陷,要马上停止焊接,待焊件冷却后及时打磨清理干净以上缺陷,然后再进行焊接。

焊接 30CrMnSiA 材料时,操作方法基本相同,重点是焊件要充分进行焊前预热,焊后马上进行缓冷或随炉冷却,即将炉温升至 400℃,把焊好的焊件及时放入炉内,保温 2h,之后随炉冷却至室温即可。

5. 结论

实践证实,采用钨极氩弧焊可使产品的 X 射线检测合格率增高,不仅提高了效率,省时、省力,也减少了以往焊接时容易产生的未焊透、气孔、夹渣、过烧等焊接缺陷。

二、薄壁零件的补焊

对于金属材料的薄壁零件,厚度一般在 0.3mm 以下,焊接时,无论是带工装夹具还是不带工装夹具,受焊接过程中各种波动的影响,在电弧热作用下易产生烧洞、烧豁等现象,需进行补焊。补焊时,如操作方法不正确,会造成焊缝正面余高过高,背面凹陷等缺陷,给焊缝返修带来困难。为避免上述现象的产生,应采用如下方法:

1)制备一个适用于结构补焊的引弧铜垫板。
2)将工件倾斜放置,使焊件处于下坡焊状态,坡度越大效果越好。
3)采用比正常焊接电流稍大的电流进行不间断连续侧填丝补焊;焊接时,尽量减小焊枪与焊件之间的夹角（40°~50°），适当加大气体流量（10~12L/min），利用电弧热量和吹力，使补焊部位获得平整光滑的接头。

三、异种接头的焊接

两种或两种以上不同性能材料的焊接，称为异种接头的焊接。

1）焊缝区域可形成合金的异种接头的焊接。对于这种焊接接头，填充材料的选用原则是：就高不就低，即在两种材料中选用与综合力学性能好、材料级别高的一种材料相适应的焊接填充材料作为填充金属。焊接时应注意过渡层和焊缝熔合比的控制。一般地，选择大电流、快速度可最大限度地减薄过渡层的厚度，避免淬硬组织的形成，可保证获得性能优良的焊接接头。如不锈钢（1Cr18Ni9Ti）与碳素钢（Q235）的焊接，可选用316L焊丝或H06Cr21Ni10焊丝作为填充材料。根据工件厚度进行大电流、快速度焊接，在碳素钢熔合线附近形成的过渡层中的马氏体等淬硬组织可被最大限度地消除。

2）焊缝区域不能形成合金的异种接头的焊接。如纯铜（T1）与不锈钢（1Cr18Ni9Ti）零件的焊接，焊丝的选用原则为：以与两种材料中熔点低、润湿性好的一种材料相适应的填充材料作为填充金属，可选用S201、S211。焊接时，电弧压往纯铜一侧（薄件厚度在3mm以下）并沿焊缝方向前后摆动进行预热，待其达到熔化温度后，进行填丝施焊。由于两种金属的熔点和导热性差异很大，给熔池的控制带来困难，需要结合拖、压、带、抖等综合操作技巧，才能合理有效地控制熔池，以获得良好的焊缝成形。

四、纯铜板（T1）的氩弧钎焊技术

随着科学技术的普及与发展，各种相同或异种材料接头的氩弧钎焊技术和结构大量涌现。氩弧钎焊——即利用氩气保护下的电弧加热，焊件母材不熔化，而低温熔融填充材料只在焊件表面进行润湿连接的一种焊接方法。纯铜板的氩弧钎焊技术是最基本、最常用的结构之一。选用纯铜板（T1，厚度为5mm）对接试板一对，钎料201，焊接时，先在试板起始端30~50mm处做循环往复加热，待加热区域的焊件母材基础温度达到一定的积累后，用钎料201稍许填丝进行测试，以能产生润湿连接为准；在送丝的同时，迅速进行拖、带、抖等手法的操作与运条，以保证获得良好的钎焊缝接头。

榜样的故事

桥梁焊接专家

——第十五届中华技能大奖获得者　中铁宝桥特级电焊工、高级技师　王汝运

王汝运曾荣获全国劳动模范、全国岗位学雷锋标兵、陕西省首席技师等荣誉，是"中国中铁焊接大师工作室"带头人，享受国务院政府特殊津贴。

参加工作30多年来，王汝运宛如一头无私奉献的孺子牛、勇于创新的拓荒牛、艰苦奋斗的老黄牛，走在前面、学在前列、干在前线，参与了10多项国家重点桥梁工程建设，为中铁宝桥集团有限公司打造"中国桥梁"国家名片做出了突出贡献，被亲切地称为"王劳模"和"活雷锋"……

仅有初中文化程度的王汝运，深知自己最大的短板就是"知识的力量"。进厂以来，他购买了大量的桥梁焊接书籍，坚持每天下班钻研，经常熬到凌晨一两点钟。为了克服困乏，他经常会备上一盆冷水和一堆大葱，随时用来提神醒脑。几十年下来，他记满了10多本厚厚的笔记本，写坏了7支钢笔。

面对工作技能的不足，他坚持勤学苦练，一点点掌握了焊接操作要领，成为中铁宝桥首批认定的国际焊工之一。多年来，王汝运先后取得了中国铁路工程总公司焊接技能大赛第二名、中国建设系统第六届焊工技术比赛第十五名的好成绩。2017年，作为中国中铁代表队的领队兼总教练，王汝运率队参加了上海金砖国家国际焊接大赛，一举获得团体银奖和优秀组织奖两项殊荣，实现了中国中铁在国际大赛中奖牌零的突破。

干最苦的活儿，啃最难的骨头，流最多的汗水，出最好的业绩。1997年，在国家重点工程南京二桥建设过程中，王汝运作为青年突击队队长，在桥面温度达到60℃的恶劣环境中，每天工作14h，苦干大干60天，完成了大桥钢箱梁环缝焊接任务，一次探伤合格率达到100%。他一人完成的焊缝总长度超过2000m，几乎相当于长江南岸到北岸的直线距离。

近年来，在中铁宝桥成立以王汝运命名的"劳模创新工作室"后，他主动挑起创新带头人重任，先后培养出特级技师3人、高级技师6人、技师7人、高级工25人，使工作室成为孵化高素质高技能职工队伍的"学校"，为企业提质增效、转型升级、人才强企、创新发展做出了积极贡献。目前，王汝运"劳模创新工作室"已成功跻身宝鸡市、陕西省职工（劳模）创新工作室行列，并于2017年被中国中铁设立为首批"技能大师工作室"。

第四章 典型焊接接头熔化极气体保护焊实作

第一节 熔化极气体保护焊概述

一、熔化极气体保护焊工作原理

在熔焊过程中，为满足焊接冶金过程需要，得到优质的焊接接头，必须对焊接区进行有效的保护。各种熔焊方法的保护形式有所不同：焊条电弧焊、埋弧自动焊采用渣-气联合保护，气体保护电弧焊采用气体保护。对于各种有色金属、高合金钢、稀有金属等金属材料的焊接，以渣保护为主的电弧熔焊方法很难适应，使用气保护形式的气体保护焊，能够可靠地保证焊接质量，以弥补焊条电弧焊和埋弧自动焊的局限。此外，气体保护焊在薄板焊接、高效焊接方面具有独特的优越性，因此在焊接生产中的应用日益广泛。

气体保护电弧焊是通过电极（焊丝或钨极）与母材间产生的电弧熔化焊丝及母材，形成焊接熔池，电极、电弧和焊接熔池依靠自焊枪喷嘴喷出的保护气体来防止空气的侵入，从而获得完好接头。从喷嘴中连续送出的气流，在电弧周围形成局部的气体保护层，使电极端部、熔滴和熔池金属处于保护气体内，机械地将空气与熔化区隔绝，以保证焊接过程的稳定性，并获得质量优良的焊缝。气体保护焊分为熔化极气体保护焊（GMAW）和非熔化极气体保护焊（GTAW），如图4-1所示。

熔化极气体保护焊由焊丝盘拉出的焊丝经送丝轮送入焊枪，再经导电嘴后与母材之间产生电弧，以此为热源熔化焊丝和母材，其周围有自喷嘴喷出的气体保护熔化区，隔离空气，保证焊接过程正常进行，如图4-2所示。

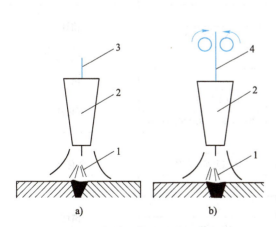

图4-1 气体保护焊方式示意图
a）非熔化极气体保护焊 b）熔化极气体保护焊
1—电弧 2—喷嘴 3—钨极 4—焊丝

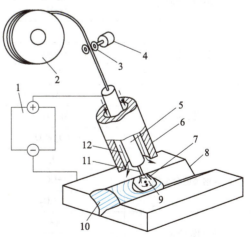

图4-2 熔化极气体保护焊示意图
1—焊接电源 2—焊丝盘 3—送丝轮 4—送丝电动机
5—导电嘴 6—喷嘴 7—电弧 8—母材 9—熔池
10—焊缝金属 11—焊丝 12—保护气体

115

二、熔化极气体保护焊的保护气体

熔化极气体保护焊的保护气体种类非常丰富。为了焊接各种不同材料，达到不同的工艺要求，保护气体可以是氩气（Ar）、氦气（He）、二氧化碳气体（CO_2）等一元气体，可以是 $Ar+O_2$、$Ar+He$、$Ar+CO_2$、CO_2+O_2 等二元气体，甚至是 $Ar+He+CO_2+O_2$ 四元气体。按照保护气体种类又可将熔化极气体保护焊分为二氧化碳气体保护焊（CO_2 焊）、熔化极惰性气体保护焊（MIG）、熔化极活性气体保护焊（MAG），见表4-1。

表4-1 各种熔化极气体保护焊的保护气体及分类

焊接方法	分类	保护气体
熔化极气体保护焊	二氧化碳气体保护焊（CO_2 焊）	CO_2
		CO_2+O_2
	惰性气体保护焊（MIG）	Ar
		He
		He+Ar
	活性气体保护焊（MAG）	$Ar+CO_2$
		$Ar+O_2$
		$Ar+CO_2+O_2$

气体保护焊时，要依靠保护气体在焊接区形成保护层，同时电弧又在气体中放电，因此，保护气体的性质与焊接状态和质量有着密切的关系。气体保护焊早期使用的大多是单一气体，在不断的焊接实践中发现，采用混合气体可以提高电弧稳定性和改善焊接效果。常用保护气体的选择见表4-2。

表4-2 常用保护气体的选择

被焊金属	保护气体	混合比（体积分数）	化学性质
铝及铝合金	Ar		惰性
	Ar+He	He（10%）	
铜及铜合金	Ar		惰性
	$Ar+N_2$	N_2（20%）	
	N_2		还原性
不锈钢	Ar		惰性
	$Ar+O_2$	$O_2(1\%\sim12\%)$	氧化性
	$Ar+O_2+CO_2$	$O_2(3\%\sim7\%)$；$CO_2(5\%\sim15\%)$	
碳素钢及低合金钢	CO_2		氧化性
	$Ar+CO_2$	CO_2（10%~30%）	
	O_2+CO_2	O_2（10%~15%）	
钛和钛合金	Ar		惰性
	Ar+He	He（25%）	
镍基合金	Ar		惰性
	Ar+He	He（15%）	
	$Ar+N_2$	N_2（6%）	还原性

氩气（Ar）和氦气（He）是惰性气体，对于化学性质活泼而易与氧反应的金属，是非常理想的保护气体，常用于铝、镁、钛等金属及其合金的焊接。由于氦气的消耗量大，而且价格昂贵，所以很少用单一的氦气，常和氩气等混合使用。熔化极气体保护电弧焊通常用的保护气体有：氩气、氦气、二氧化碳气体或这些气体的混合气体。

二氧化碳（CO_2）气体是氧化性气体，由于其来源丰富、成本低，在焊接生产中被广为推广和应用，目前主要用于碳素钢和低合金钢的焊接。本章以企业最常用到的二氧化碳气体保护焊作为实作示例。

第二节　CO_2 气体保护焊

一、CO_2 气体保护焊的分类

CO_2 气体保护焊（简称 CO_2 焊）按所用焊丝直径的不同，可分为细丝 CO_2 焊（焊丝直径为 0.5~1.2mm）和粗丝 CO_2 焊（焊丝直径为 1.6~5.0mm）。

按操作方式又可分为半自动 CO_2 焊和自动 CO_2 焊。其主要区别在于：半自动 CO_2 焊是由手工操作焊枪控制焊缝成形，而送丝、送气等功能同自动 CO_2 焊一样，由相应的机械装置自动完成。半自动 CO_2 焊适用性较强，可以焊接较短的或不规则的曲线焊缝，还可以进行定位焊操作，所以在生产中被广泛采用。而自动 CO_2 焊主要用于较长的直线焊缝和环缝的焊接。

熔化极气体保护焊的特点和应用

二、半自动 CO_2 焊设备

生产中常用的半自动 CO_2 焊设备如图 4-3 所示，主要由焊接电源、送丝系统、焊枪、CO_2 供气系统（气瓶、减压阀，流量调节器）、控制系统等部分组成。

1. 焊接电源

CO_2 焊采用交流电源焊接时，电弧不稳定，飞溅较大，所以必须使用直流电源。

细丝 CO_2 焊通常选用平特性或缓降特性的电源，一般采用短路过渡进行焊接，电源短路电流的上升速率应能调节，以适应不同直径及成分的焊丝。

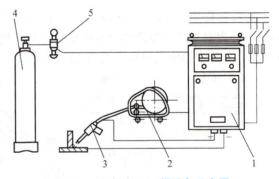

图 4-3　半自动 CO_2 焊设备示意图
1—焊接电源　2—送丝系统　3—焊枪　4—气瓶
5—减压流量调节器

粗丝 CO_2 焊一般采用均匀送丝机构配下降特性的电源，采用弧压反馈调节来保持弧长的稳定。粗丝 CO_2 焊时一般是细滴过渡，采用直流反接，这种熔滴过渡对电源动特性无特殊要求。

2. 控制系统

控制系统的作用是对 CO_2 气体保护焊的供气、送丝、供电系统进行控制。自动焊时，控制系统还要控制焊接小车行走和焊件运转等动作。目前，我国定型生产使用较广的 NBC 系列半自动 CO_2 焊机有 NBC-160 型、NBC-350 型及 NB-350 型等，如图 4-4a 所示。

3. CO_2 供气系统

供气系统的作用是使气瓶内的液态 CO_2 变成符合质量要求、具有一定流量的 CO_2 气体，

并均匀地从焊枪喷嘴中喷出,有效地保护焊接区。

CO_2 的供气系统由气瓶、预热器、干燥器、减压器、流量计和气阀组成。瓶装的液态 CO_2 汽化时要吸热,吸热反应可使瓶阀及减压器冻结,所以在减压器之前需经预热器加热,并在输送到焊枪之前,应经过干燥器吸收 CO_2 气体中的水分,使保护气体符合焊接要求。减压器用于将瓶内高压 CO_2 气体调节为符合工作要求的低压气体。流量计控制和检测 CO_2 气体的流量,以形成良好的保护气体。电磁气阀控制 CO_2 气体的接通与关闭。现在生产的 CO_2 减压流量调节器将预热器、减压器、流量计合为一体,并由焊接设备供电使用起来很方便,如图 4-4b 所示。

图 4-4 焊机及减压流量调节器
a) NB-350 型 CO_2 焊机 b) CO_2 减压流量调节器

4. 焊枪

焊枪的作用是导电、导丝和导气。按送丝方式可分为推丝式焊枪和拉丝式焊枪;按冷却方式可分为空气冷却焊枪和内循环水冷焊枪;按结构可分为鹅颈式焊枪和手枪式焊枪,如图 4-5 所示。其中鹅颈式焊枪应用最为广泛。

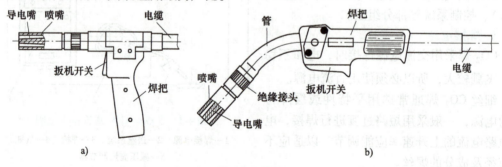

图 4-5 焊枪
a) 手枪式 b) 鹅颈式

5. 送丝系统

在焊接过程中,送丝系统的作用是自动、均匀和连续地送进焊丝。送丝系统由电动机、减速器、校直轮、送丝滚轮、送丝软管、焊丝盘等组成。半自动 CO_2 焊的焊丝送进方式为等速送丝,其送丝方式主要有拉丝式、推丝式和推拉式三种,如图 4-6 所示。

三、CO_2 焊的熔滴过渡

CO_2 焊属于熔化极电弧焊,熔滴过渡的形式与选择的焊接参数和相关工艺因素有关。应根据焊接构件的实际情况,确定粗、细丝 CO_2 焊的焊接方式,选择合适的焊接参数,以获得所希望的熔滴过渡形式,从而保证焊接过程的稳定性,减少飞溅,得到理想的焊缝。

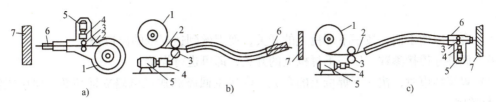

图 4-6 送丝方式
a) 拉丝式　b) 推丝式　c) 推拉式
1—焊丝盘　2—焊丝　3—送丝滚轮　4—减速器　5—电动机　6—焊枪　7—焊件

熔化极气体保护焊设备的安装与调试

CO_2 焊的熔滴过渡主要有短路过渡和滴状过渡两种形式。

(1) 短路过渡　CO_2 焊在采用细焊丝、小电流和低电弧电压焊接时，熔滴呈短路过渡。短路过渡时，弧长很短，焊丝端部熔化形成的熔滴与熔池表面接触而短路，电弧熄灭，形成焊丝与熔池之间的液体金属小桥，此时，熔滴在重力、表面张力和电磁收缩力等力的作用下很快地脱离焊丝端部而过渡到熔池，随后电弧又重新引燃。如此周期性地短路—燃弧交替进行，如图 4-7a 所示。短路过渡电弧的燃烧、熄灭和熔滴过渡过程均很稳定，飞溅也小，焊缝成形好，所以适用于薄板及全位置的焊接。

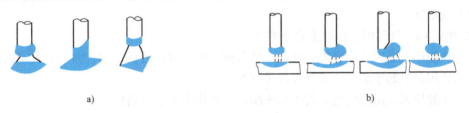

图 4-7 熔滴过渡形式
a) 短路过渡　b) 颗粒过渡

(2) 滴状过渡　滴状过渡有两种形式：一是大颗粒过渡，这时的电流、电压比短路过渡时稍高，此时，熔滴较大且不规则，易形成偏离焊丝轴线方向的非轴向过渡，如图 4-7b 所示，这种大颗粒非轴向过渡，电弧不稳定，飞溅很大，成形差，在实际生产中不宜采用；二是细滴过渡，这时的焊接电流、电弧电压进一步增大，此时，由于电磁收缩力的加强，熔滴细化，过渡的速度也随之加快，虽然仍为非轴向过渡，但飞溅相对减少，电弧较稳定，焊缝成形较好，故在生产中应用较广泛。因此，粗丝 CO_2 焊滴状过渡时，由于焊接电流较大，电弧穿透力强，母材的焊缝厚度较大，所以多用于中、厚板的焊接。

四、半自动 CO_2 焊设备及材料的使用和保养

CO_2 焊在生产中被广泛应用的一种焊接技术，正确使用和合理保养其焊接设备，对提高生产率和设备的完好率起重要的作用。

1. 设备的正确使用

1) 严格按设备接线图进行接线，接地线要可靠。

2) 将 CO_2 预热器电源线与焊机相应的接头连接好，打开瓶阀，合上预热器开关及气流开关。

3) 接通电源及气源，旋开控制电源开关，指示灯亮。

4) 打开送丝机构上的压丝手柄，将焊丝通过导丝孔送入送丝滚轮 V 形槽内，然后进入软管。

5）合上压丝手柄，按一下焊枪上的开关，使焊丝到达焊枪的出口处。

6）调整好焊接参数，压一下焊枪上的开关，即可进行焊接。

7）焊接结束时，按一下焊枪上的开关，焊接主回路和送丝电路立即切断，CO_2 气体滞后自行关闭。

8）关闭预热器开关、控制电源开关及气源，打开送丝机构的压丝手柄。

9）使用过程中，应按焊机相应的负载持续率使用焊机。

10）连续使用时，注意随时清除喷嘴内的飞溅物，在喷嘴内外应经常擦涂硅油。

2. 设备的日常维护和焊接材料的正确使用

1）经常注意导电嘴的磨损情况，磨损严重应及时更换。

2）经常注意送丝机构各零件的使用情况，以便及时清理和更换。

3）不能压、踩送丝软管和焊枪。

4）焊机长期不用时，应将焊丝从软管中抽出，避免锈蚀。

5）使用时，应增强安全意识，经常检查电缆的绝缘情况，避免短路和发生触电事故。

6）定期检查电源、控制部分各触点及保护元件的工作情况，如有接触不良或损坏，应及时修复或更换。

7）使用 CO_2 气体时，应注意以下事项：

①初次使用气瓶时，应稍微打开瓶上的气阀，吹去阀口处的杂物，并马上关闭阀门。

②禁止用电磁起重装置、钢丝绳起吊气瓶。

③减压器应采取防冻措施，若不慎冻结，不可用明火加热解冻。

④CO_2 气瓶应倒置 1~2h 后，间隔 0.5h 放水 2~3 次进行提纯；使用前正置 1~2h，放杂气 2min 后再使用。

⑤气体流量的大小应按焊接工艺的要求确定。

⑥更换气瓶时，一般需留不小于 0.1MPa 的表压，防止再次灌气时空气混入瓶内，使保护气不纯。CO_2 气瓶体呈铝白色，上面写有黑色的"液化二氧化碳"字样，常温下满瓶时的气压可达到 5~7MPa。

⑦工作完毕，应及时将气瓶上的截止阀关闭，戴好瓶上的护帽。

8）焊丝直径的选用要根据焊接时的熔滴过渡形式、单层可焊接的板厚和施焊位置综合考虑。可参考表 4-3 选用焊丝的直径。

表 4-3 焊丝直径的选用

焊丝直径/mm	熔滴过渡形式	单层可焊接板厚/mm	施焊位置
0.5~0.8	短路过渡	0.4~3	各种位置
	滴状过渡	2~4	平焊、横焊
1~1.2	短路过渡	2~8	各种位置
	滴状过渡	2~12	平焊、横焊
1.6	短路过渡	3~12	平焊、横角焊
	滴状过渡	>8	平焊、横角焊
2~2.5	滴状过渡	>10	平焊、横角焊

五、半自动 CO_2 焊的基本操作技术

1. 基本操作

(1) 持焊枪的姿势和焊接姿势 应右手持枪，肘部靠在身体右侧腰部；左手拿面罩。焊接姿势有站立式、坐式和蹲式，如图 4-8 所示。

图 4-8 焊接姿势

(2) 引弧 半自动 CO_2 焊通常采用短路接触法引弧，一般只需一次引弧即可。引弧前先点动焊枪开关送出一段焊丝，焊丝伸出长度应小于喷嘴与焊件间应保持的距离，且端部不应有球滴，否则应剪去端部球滴。将焊枪保持 10°～15° 的倾角，焊丝端部与焊件的距离为 2～3mm，喷嘴与焊件相距 10～18mm。打开焊枪开关，随后自动送气、送电、送丝，直至焊丝与焊件相碰短路后自动引燃电弧。短路后，焊枪有自动顶起的倾向，故要稍用力下压焊枪，然后缓慢引向待焊处，当焊缝金属熔化后，再以正常的焊接速度施焊。

(3) 焊接

1) 左焊法及右焊法。焊接过程中，可以采用左焊法，也可以采用右焊法。如图 4-9 所示，焊枪自右向左移动称为左焊法，自左向右移动称为右焊法。采用左焊法时，喷嘴不会挡住视线，焊工能清楚地观察接缝和坡口，不易焊偏；熔池受电弧的冲刷作用小，能得到较大的熔宽，焊缝成形美观，使用较为普遍。采用右焊法时，熔池可见度及气体保护效果好，但因焊丝直指熔池，电弧对熔池有冲刷作用，会使焊波增高；另外，由于焊丝、焊枪遮挡了未焊的焊缝，所以容易焊偏。

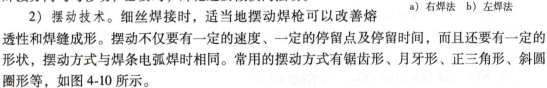

图 4-9 焊接方向
a) 右焊法 b) 左焊法

焊接过程中，要保持焊枪有合适的倾角和喷嘴高度，且沿焊接方向均匀移动，必要时，焊枪还要做横向摆动。

2) 摆动技术。细丝焊接时，适当地摆动焊枪可以改善熔透性和焊缝成形。摆动不仅要有一定的速度、一定的停留点及停留时间，而且还要有一定的形状，摆动方式与焊条电弧焊时相同。常用的摆动方式有锯齿形、月牙形、正三角形、斜圆圈形等，如图 4-10 所示。

(4) 收尾 细丝焊接时，收尾过快易在弧坑处产生裂纹及气孔，如焊接电流与送丝同时停止，会造成粘丝，故在收尾时应在弧坑处稍作停留，然后慢慢地抬起焊枪，使熔敷金属填满弧坑后再熄弧。焊机有弧坑控制电路时，则焊枪在收弧处停止前进，同时接通此电路，焊接电路与电弧电压自动变小，待熔池填满时断电。

(5) 接头的处理 将待焊接头处打磨成斜面；在斜面顶部引弧，引燃电弧后，将电弧移至斜面底部，转一圈返回引弧处后再继续向左或向右焊接。

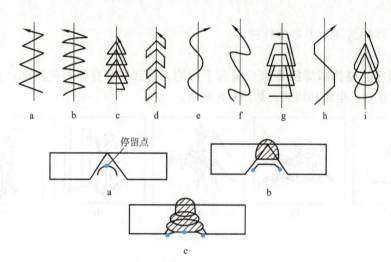

图 4-10 焊枪摆动方式和焊枪停留点示意图

2. 练习准备

1）检查焊机各运动部件是否正常。
2）检查送丝机构及焊丝盘上的焊丝是否充足。
3）检查气瓶表压（不得小于 0.1MPa）、减压器、预热器等供气系统是否正常。
4）检查电源是否正常。
5）将焊件表面清理干净并平放。

3. 操作要点

(1) 设备认识练习

1）在操作 NBC-350 型熔化极半自动 CO_2 焊机之前，需查明焊接电源所规定的输入电压、相数、频率，确保与电网相符后再接入配电盘。
2）电源应接地线。
3）焊接电源输出端负极与焊件连接，正极与焊枪供电部分连接。
4）连接控制箱和送丝机构的控制电缆。
5）安装 CO_2 气体减压流量调节器，并将出气口与送丝机构的气管连接。
6）将减压流量调节器上的电源插头插入焊机的专用插座。
7）将焊丝送丝机构与焊枪连接。
8）对照设备实物，熟悉与设备相连的气路、电路，认清相应各开关的位置并掌握其作用；在不接通气、电的情况下，对各开关和调节器进行调整练习。

(2) NBC-350 型半自动 CO_2 焊机的操作练习

1）接通配电盘开关，合上电源控制箱上的开关，此时电源指示灯亮，电源电路进入工作状态。调整焊接电流到 150~160A。
2）合上预热器开关及气流开关，打开瓶阀，调整 CO_2 气体流量到 12L/min 左右。
3）打开送丝机构上的压丝手柄，将焊丝通过导丝孔送入送丝滚轮 V 形槽内，然后进入软管。
4）按下加压杠杆调整压力，并把焊丝送入焊枪。调整送丝速度为 6.5m/min。点动焊枪上的开关,使焊丝伸出导电嘴约 15mm(此长度称为焊丝的伸出长度),多余部分用钢丝钳剪断,以利于引弧。

5)焊丝与焊件的夹角为 85°~90°,焊丝距焊件表面 2~4mm,准备开始引弧。

6)启动焊枪上的开关,电磁气阀动作提前一两秒送气,焊丝自动送进到达焊件并短路引弧,此刻要稍用力压住焊枪,因焊丝刚接触焊件时有反作用力。

7)引弧后,要保持好焊丝与焊件的距离以及伸出长度并进行焊接,焊接长度为 150mm 左右的焊缝。可进行直线或摆动焊接,手法同焊条电弧焊。

8)收弧时,再次压一下焊枪上的开关,焊丝停止送进,控制电路自动控制减小焊接电流和电弧电压,填满弧坑并断电(对于无弧坑控制电路的焊机,在收弧时采用与焊条电弧焊相同的手法收弧);经过几秒钟后气阀关闭,停止送气。

4. 注意事项

1)本节的实训是后续实训操作及实际生产操作的基础,因此,要认真反复地进行练习。

2)点动送进焊丝时,不可将焊枪口对着人,以防伤人。

3)由于弧光较强,要特别注意焊接防护。

4)焊接完毕应将压丝手柄抬起,避免弹簧失去弹性。

5)训练结束后,必须及时将气源、电源关闭。

第三节 半自动 CO_2 焊基础训练项目

项目一 板对接平焊实作

一、项目任务

按图 4-11 的要求,学习板对接平焊(CO_2 焊)的基本操作技能,完成工件实作任务。

具体要求:掌握板对接平焊(CO_2 焊)的技术要求及操作要领;会制订板对接平焊(CO_2 焊)的装焊方案,会选择板对接平焊(CO_2 焊)的焊接参数,并编制简单的工艺卡(附录 B);按焊接安全、清洁和环境要求及焊接工艺完成焊接操作,制作出合格的板对接平焊(CO_2 焊)工件,并达到评分标准(附录 C)的相关质量要求。

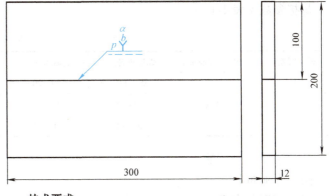

技术要求

焊接方法:半自动 CO_2 焊;试件材质:Q235;接头形式:对接接头;焊接位置:平焊;根部间隙 $b = 2.5 \sim 3.0$,$\alpha = 60°$,$p = 0.5 \sim 1$。

图 4-11 板对接平焊施工图

二、项目分析

板对接平焊单面焊双面成形是其他位置焊接操作的基础。由于钢板下部悬空,造成熔池悬空,液态金属在重力和电弧吹力的作用下,极易产生下坠,再加上焊接参数或操作不当,打底焊容易在根部产生焊瘤、烧穿、未焊透等缺陷。因此，焊接过程中要根据装配间隙和熔池温度变化的情况，及时调整焊枪的角度、摆动幅度和焊接速度，控制熔池和熔孔的尺寸，保证正、反两面焊缝成形良好。

填写焊缝分析表（附录A）。

三、项目实施

1. 安全检查

1）进行半自动CO_2焊时，必须穿好帆布工作服，戴好电焊手套和面罩。

2）应根据焊接电流的大小选择不同号数的护目玻璃镜片。焊接电流为30～300A时，用9～10号玻璃镜片；焊接电流大于300A时，应选用11～12号镜片。

3）焊枪上加防弧罩，以防止弧光的直接照射；为防止邻近操作者受弧光的照射，可加设隔光屏板。

4）提供良好的通风条件，将焊接烟雾排除或吹散，或直接在焊枪上装上抽风装置，改善劳动条件。

5）在实作过程中督促、检查劳保用品的穿戴和安全操作规程的执行情况。

2. 焊前清理与检查

（1）焊接设备的电路、气路检查　焊前要对焊接设备的电路、气路进行认真仔细的检查，确认其全部正常后方可开机工作，以免由于焊接设备的故障而造成焊接缺陷。

（2）送丝系统检查　检查焊丝盘上的焊丝是否充足；自焊丝盘到焊枪的整个送丝路径是否通畅，途径有无弯折。

（3）焊前清理　认真清理试板焊接部位及附近20mm范围内及坡口正、反面的油污、锈蚀、水分以及其他污物，直至焊接部位露出金属光泽。加工的坡口要求达到一定精度，以免影响焊接后焊缝的规整和美观。同时对试板的清洁度、试板的尺寸进行检查（按图样及技术要求）。

3. 选择焊接参数

焊接参数见表4-4。

表4-4　板对接平焊焊接参数

焊接层次	焊丝直径/mm	焊接电流/A	电弧电压/V	气体流量/(L/min)	焊丝伸出长度/mm
打底	1.2	90～110	18～20	10～15	12～18
填充层		120～140	18～22	10～15	
盖面		130～140	20～24	10～15	

4. 实施装配与焊接

操作要领如下：

（1）装配与点固

1）定位焊。在焊件坡口内定位焊，焊缝长度为10～15mm，预置反变形量为2°～3°，如图4-12所示。

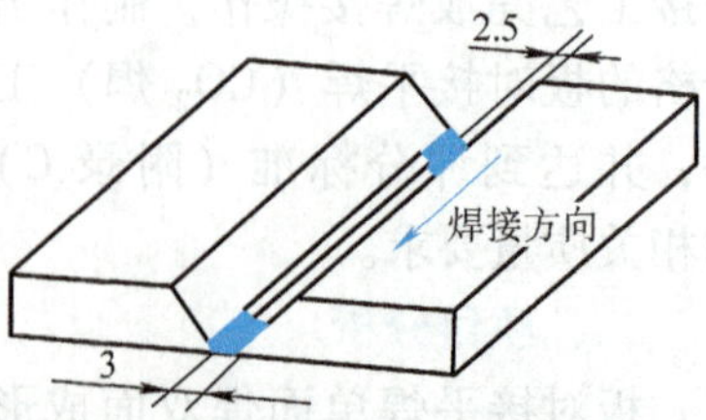

2）对装配位置和定位焊质量进行检查。

图4-12　板对接平焊装配示意图

（2）打底焊　采用左焊法，装配间隙小的一端置于操作者的右侧；在右端坡口内侧一面引弧（距离右端的定位焊缝约10mm）；焊枪的角度和焊缝的形状如图4-13所示。然后沿着坡口两面做锯齿形小幅度的摆动，当坡口底端产生一直径为2~3mm的熔孔时即可开始向焊接方向匀速焊接。焊接过程中要注意控制焊接速度及横向摆动的幅度，以保证熔孔的大小基本不变，从而得到反面成形良好的焊缝。

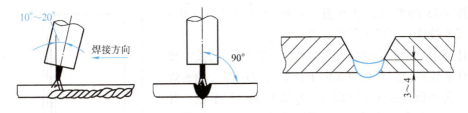

图4-13　板对接平焊焊枪的角度和焊缝的形状示意图

（3）**填充层焊接**　从焊件右端部引弧，然后开始向左焊接；焊枪的摆动幅度要略微加大一些，并在两侧稍作停留，以保证熔池与两侧母材的良好熔合；保证填充层焊后焊缝表面略低于焊件表面1.5~2mm，如图4-14所示，以确保盖面焊的质量。

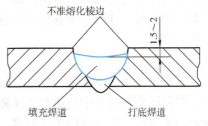

图4-14　填充层焊缝示意图

（4）**盖面焊**　从焊件右端部引弧，然后开始向左焊接，此时摆动幅度要加大，并在两侧稍作停留，所产生的熔池边缘应越过坡口上棱边向外0.5~1.5mm，以便得到成形良好的焊缝。收弧时要先压短电弧再缓慢抬起后停止焊接，以确保弧坑被填满。

5. 清理现场

练习结束后，必须整理工具和设备，关闭电源，清理场地，做到"工完场清"，并由值日生或指导教师检查，做好记录。

熔化极气体保护焊板对接平焊

☞ 关键技术点拨

1）焊接前，应按CO_2气瓶倒置去除水分和杂气的提纯方法提纯保护气，避免因保护气不纯而导致气孔，同时应在喷嘴内外表面涂抹硅油。

2）打底焊时，要控制好喷嘴的高度和倾角，电弧始终在坡口内做小幅度横向摆动，并在坡口两侧稍作停顿，控制熔孔的直径比间隙大0.5~1mm，且尽可能使熔孔处于焊缝中心，与坡口两侧保持对称，维持熔孔直径不变。打底层的厚度不超过4mm为宜。

3）填充层焊接时，要保持焊缝的宽度、高度基本一致，焊缝平整，焊缝表面低于焊件表面1.5~2mm，以确保盖面焊的质量。

4）焊接过程中，焊枪的摆动幅度要一致，且后焊道压住前焊道1/2，尤其应注意接头处的操作，保证焊缝成形美观。

四、项目评价与总结

参照评分标准（附录C）进行检查。由学生自检、互检以及教师（或专职质检员）检查，并填写质量检查记录卡（附录D）。每天留出部分时间，分小组交流讨论，分享各自的学习成果，共同进步。

项目二 板对接立焊实作

一、板对接向上立焊实作

（一）项目任务

按图 4-15 的要求，学习板对接向上立焊（CO_2 焊）的基本操作技能，完成工件实作任务。

具体要求：掌握板对接向上立焊（CO_2 焊）的技术要求及操作要领；会制订板对接向上立焊（CO_2 焊）的装焊方案；会选择板对接向上立焊（CO_2 焊）的焊接参数，并编制简单的工艺卡（附录 B）；按焊接安全、清洁和环境要求及焊接工艺完成焊接操作，制作出合格的板对接向上立焊（CO_2 焊）工件，并达到评分标准（附录 C）的相关质量要求。

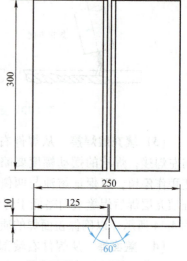

技术要求

焊接方法：半自动 CO_2 焊；试件材质：Q235；接头形式：板对接接头；焊接位置：向上立焊。

图 4-15 板对接向上立焊施工图

（二）项目分析

板对接向上立焊单面焊双面成形时，由于重力的作用，焊丝熔滴和熔池中的液态金属易下淌，使焊缝正面和背面出现焊瘤，造成焊缝成形困难。焊接时，要采用较小的焊接电流和短路过渡形式，焊接速度稍快，焊枪的摆动频率稍快，尽量缩短熔池存在的时间，使焊缝薄而均匀。

填写焊缝分析表（附录 A）。

（三）项目实施

1. 安全检查

同本章项目一。

2. 焊前清理与检查

同本章项目一。

3. 选择焊接参数

焊接参数见表 4-5。

表 4-5 板对接向上立焊焊接参数

焊接层次	焊丝直径 /mm	焊接电流 /A	电弧电压 /V	气体流量 /(L/min)	焊丝伸出长度 /mm	电源极性
打底	1.2	90~95	18~20	10~12	10	直流反接
		90~110		12~15		
填充层		110~120	20~22	12~15	10~15	
		130~150		15~20		
盖面		110~120		12~15		
		130~150		15~20		

4. 实施装配与焊接

操作要领如下：

(1) 装配与点固

1) 定位焊。在焊件坡口内定位焊，焊缝长度为 10~15mm，预置反变形量为 2°~3°，如图 4-16 所示。

2) 对装配位置和定位焊质量进行检查。

(2) 打底焊

1) 采用向上立焊法，焊枪与板件的角度为 70°~90°（向下倾斜），图 4-17 所示。

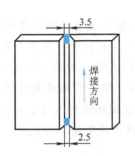

图 4-16　板对接向上立焊装配示意图

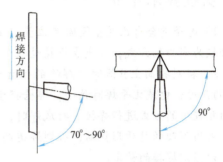

图 4-17　板对接向上立焊焊枪的角度

2) 焊枪横向摆动采用小间距锯齿形运条或间距稍大的上凸的月牙形运条。下凹的月牙形运条使焊道表面下坠，是不正确的。焊枪摆动的手法如图 4-18 所示。

3) 焊接过程中要特别注意熔池和熔孔的变化，熔池不能太大。左右摆动的电弧将坡口两侧根部击穿，每边熔化 0.5~1mm 即可，保持熔孔的尺寸大小一致，且向上移动间距均匀，如图 4-19 所示。

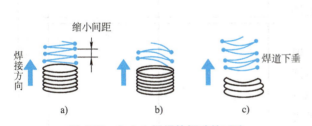

图 4-18　向上立焊焊枪摆动的手法
a) 小间距锯齿形摆动　b) 上凸月牙形摆动
c) 下凹月牙形摆动（不正确）

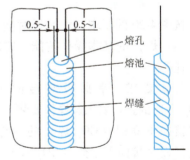

图 4-19　向上立焊的熔孔和熔池

(3) 填充层焊接

1) 焊前先清除、打磨掉底层焊道和坡口表面的飞溅和氧化物，并用砂轮机将局部凸起的焊道磨平。

2) 焊枪摆动的幅度比打底焊时稍大，电弧在坡口两侧稍作停顿，以保证两侧熔合良好。

3) 盖面前的焊道比试板表面低 1.5~2mm，不允许熔化坡口棱边。

(4) 盖面焊

1) 焊前清理干净飞溅和氧化物。

2) 焊枪摆动的幅度比填充焊时大，熔池两侧超过坡口边缘 0.5~1.5mm，采用匀速锯齿形摆动方式向上运动。

5. 清理现场

练习结束后，必须整理工具和设备，关闭电源，清理场地，做到"工完场清"，并由值日生或指导教师检查，做好记录。

☞ **关键技术点拨**

1) 选择适合自己的空间固定位置。由于焊枪和焊把线较重，所以焊枪的握持要选择一种较为省力的方式，以减少焊接过程中手的疲劳程度，有利于控制焊接质量。

2) 板对接向上立焊时，焊枪的位置十分重要，要使焊丝对着前进方向，保持 90°±10° 的角度；电流比平焊时稍小，焊枪摆动的频率稍快，摆动的幅度要保持一致，采用锯齿间距较小的方式进行焊接。打底焊时，密切观察和控制熔池的尺寸，要注意保持一致；不能采用下凹的月牙形摆动，否则焊道凸起严重，导致焊道下坠。焊接时，最好用双手握枪，以保证焊接的稳定。

熔化极气体保护焊板对接立焊

（四）项目评价与总结

参照评分标准（附录 C）进行检查。由学生自检、互检以及教师（或专职质检员）检查，并填写质量检查记录卡（附录 D）。每天留出部分时间，分小组交流讨论，分享各自的学习成果，共同进步。

二、板对接向下立焊实作

（一）项目任务

按图 4-20 的要求，学习板对接向下立焊（CO_2 焊）的基本操作技能，完成工件实作任务。

具体要求：掌握板对接向下立焊（CO_2 焊）的技术要求及操作要领；会制订板对接向下立焊（CO_2 焊）的装焊方案；会选择板对接向下立焊（CO_2 焊）的焊接参数，并编制简单的工艺卡（附录 B）；按焊接安全、清洁和环境要求及焊接工艺完成焊接操作，制作出合格的板对接向下立焊（CO_2 焊）工件，并达到评分标准（附录 C）的相关质量要求。

（二）项目分析

板（较薄钢板）对接向下立焊的难度相对较小。由于半自动 CO_2 焊的电流较大，熔深大，只要焊接速度合适（与焊丝熔化速度匹配），焊枪的角度控制好，保持熔池不流淌到电弧前面，就能获得成形较好的焊缝。

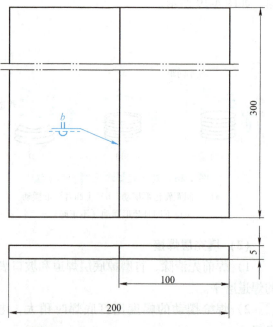

技术要求

焊接方法：半自动 CO_2 焊；试件材质：Q235；接头形式：板对接接头；焊接位置：向下立焊。

图 4-20 板对接向下立焊施工图

填写焊缝分析表（附录 A）。

（三）项目实施

1. 安全检查

同本章项目一。

2. 焊前清理与检查

同本章项目一。

3. 选择焊接参数

焊接参数见表 4-6。

表 4-6 板对接向下立焊焊接参数

焊接层次	焊丝直径/mm	焊接电流/A	电弧电压/V	气体流量/(L/min)	焊丝伸出长度/mm	电源极性
单道焊	0.8	60~70	18~20	8~10	10	直流反接
	1.2	110~120	17~18	15~20	10~15	

4. 实施装配与焊接

操作要领如下：

（1）装配与点固

1) 定位焊。在焊件背面定位焊，焊缝长度为 10~15mm。预置反变形量为 2°~3°。

2) 对装配位置和定位焊质量进行检查。

（2）焊接

1) 单层单道向下立焊；焊枪与板件的角度为 40°~50°（向下倾斜），如图 4-21 所示。

2) 焊枪指向熔池，尽量压低电弧；焊枪的角度保持不变，采用直线式运枪；焊接速度稍快，焊枪不摆动。

3) 密切关注液态金属的状况，一旦其流到电弧前方，焊枪移动要加快，并使焊枪倾角增大，利用电弧吹力把熔池的液态金属推上去并托住，不使其超过电弧。

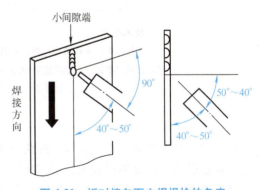

图 4-21 板对接向下立焊焊枪的角度

5. 清理现场

练习结束后，必须整理工具和设备，关闭电源，清理场地，做到"工完场清"，并由值日生或指导教师检查，做好记录。

☞ 关键技术点拨

板对接向下立焊时，焊枪的角度十分重要，需直线运枪，不做摆动。焊接速度要均匀，与焊丝的熔化速度匹配。密切关注液态金属的状况，不能让其流到电弧前面，一旦出现该情况，立即调整焊枪的角度（增大焊枪倾角），利用电弧吹力托住液态金属。

（四）项目评价与总结

参照评分标准（附录C）进行检查。由学生自检、互检以及教师（或专职质检员）检查，并填写质量检查记录卡（附录D）。每天留出部分时间，分小组交流讨论，分享各自的学习成果，共同进步。

项目三　板对接横焊实作

一、项目任务

按图4-22的要求，学习板对接横焊（CO_2焊）的基本操作技能，完成工件实作任务。

具体要求：掌握板对接横焊（CO_2焊）的技术要求及操作要领；会制订板对接横焊（CO_2焊）的装焊方案；会选择板对接横焊（CO_2焊）的焊接参数，并编制简单的工艺卡（附录B）；按焊接安全、清洁和环境要求及焊接工艺完成焊接操作，制作出合格的板对接横焊（CO_2焊）工件，并达到评分标准（附录C）的相关质量要求。

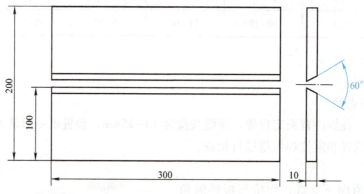

技术要求

焊接方法：半自动CO_2焊；试件材质：Q235；接头形式：板对接接头；

焊接位置：横焊；根部间隙$b=3.2\sim4.0$，$\alpha=60°$，$p=0.5\sim1$。

图4-22　板对接横焊施工图

二、项目分析

板对接横焊一般采用直线运枪左焊法（采用摆动运枪焊接难度较大）。由于是多层多道焊接，温度较高，熔池体积较大，凝固速度较慢，容易出现液态金属下坠，尤其是打底焊，焊缝背面成形会发生下偏移，故焊接时应保持较小的熔池和较小的熔孔尺寸，适当提高焊接速度，采用较小的焊接电流和短弧焊接。

填写焊缝分析表（附录A）。

三、项目实施

1. 安全检查

同本章项目一。

2. 焊前清理与检查

同本章项目一。

3. 选择焊接参数

焊接参数见表4-7。

表 4-7 板对接横焊焊接参数

焊接层次	焊丝直径/mm	焊接电流/A	电弧电压/V	气体流量/(L/min)	焊丝伸出长度/mm	电源极性
打底（1）	1.2	90~100	18~20	10~12	10~15	直流反接
		100~110		10~15		
填充层（2、3）		110~120	20~22	10~12	15~20	
				15~20		
盖面（4、5、6）		130~150	22~24	10~15		
				15~20		

4. 实施装配与焊接

操作要领如下：

(1) 装配与点固

1) 定位焊。在焊件坡口内定位焊，焊缝长度为 10~15mm。预置反变形量为 2°~3°。

2) 对装配位置和定位焊质量进行检查。

(2) 打底焊

1) 采用左焊法，焊枪的角度和熔孔如图 4-23 所示。焊枪以小幅度锯齿形摆动，保持熔孔边缘超过坡口下棱边 0.5~1mm。

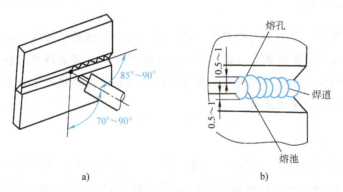

图 4-23 横焊打底焊时焊枪的角度和熔孔

2) 清理打磨打底焊道时，不能破坏装配间隙和坡口面。

(3) 填充层焊接

1) 填充层采用单层多道焊，由下向上焊，焊枪的角度如图 4-24 所示。调整焊枪俯仰角，焊丝对准打底焊道与下板坡口面之间的夹角；焊前清理干净飞溅和焊渣。

2) 焊第一道填充焊道时，焊枪呈 0°~10° 俯角，电弧以打底焊道下边缘为中心横向摆动，保证与下侧坡口的熔合良好。

3) 焊第二道填充焊道时，焊枪呈 0°~10° 仰角，电弧以打底焊道上边缘为中心，在第一道填充焊和上侧坡口面之间摆动，保证熔合良好。

(4) 盖面焊

1) 盖面焊与填充层焊接类似，由下向上一道一道采用直线方式焊接，焊枪的角度如图 4-25 所示。

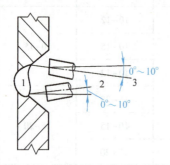

图 4-24　填充层焊接焊枪的角度
（板对接横焊）

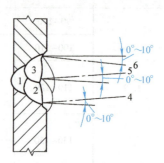

图 4-25　盖面焊焊枪的角度
（板对接横焊）

2) 后焊道应将前焊道盖住一半或 2/3 以上，以保证整个焊缝平整、均匀。

3) 焊前清理干净飞溅和氧化物。

5. 清理现场

练习结束后，必须整理工具和设备，关闭电源，清理场地，做到"工完场清"，并由值日生或指导教师检查，做好记录。

> ☞ **关键技术点拨**
>
> 厚板对接横焊时，均需采用多层焊，焊枪的角度和焊道的排布情况与焊条电弧焊时相同。第一层焊道应尽量焊成等宽焊道，从下往上排列焊道。随着焊缝层数的增加，逐步减小焊道的熔敷金属量，并增加焊道数。后道焊缝应盖住前道焊缝的 1/2 以上，从而每层焊完都能尽量得到平坦的焊缝表面。

四、项目评价与总结

参照评分标准（附录 C）进行检查。由学生自检、互检以及教师（或专职质检员）检查，并填写质量检查记录卡（附录 D）。每天留出部分时间，分小组交流讨论，分享各自的学习成果，共同进步。

熔化极气体保护焊板对接横焊

项目四　板对接仰焊实作

一、项目任务

按图 4-26 的要求，学习板对接仰焊（CO_2 焊）的基本操作技能，完成工件实作任务。

具体要求：掌握板对接仰焊（CO_2 焊）的技术要求及操作要领；会制订板对接仰焊（CO_2 焊）的装焊方案；会选择板对接仰焊（CO_2 焊）的焊接参数，并编制简单的工艺卡（附录 B）；按焊接安全、清洁和环境要求及焊接工艺完成焊接操作，制作出合格的板对接仰焊（CO_2 焊）工件，并达到评分标准（附录 C）的相关质量要求。

二、项目分析

仰焊单面焊双面成形是所有焊接位置中最难操作的一种。仰焊时,熔池倒悬在坡口内,液态金属受重力的作用极易下坠,从而易形成焊瘤,而在焊缝背面产生下凹等缺陷。在焊接过程中,熔池温度越高,焊接电弧越长,上述现象越严重;且易烫伤人,给焊工操作带来困难;飞溅物还易使焊枪喷嘴堵塞。操作时,焊工的位置应选好,以减少飞溅物的影响并便于操作。

填写焊缝分析表(附录A)。

三、项目实施

1. 安全检查

同本章项目一。

2. 焊前清理与检查

同本章项目一。

3. 选择焊接参数

焊接参数见表4-8。

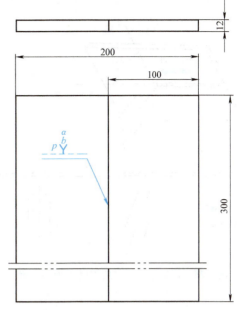

技术要求

焊接方法:半自动CO_2焊;试件材质:Q235;接头形式:板对接接头;焊接位置:仰焊;根部间隙 $b = 3.2 \sim 4.0$, $\alpha = 60°$, $p = 0.5 \sim 1$。

图 4-26 板对接仰焊施工图

表 4-8 板对接仰焊焊接参数

焊接层次	焊丝直径 /mm	焊接电流 /A	电弧电压 /V	气体流量 /(L/min)	焊丝伸出长度 /mm	电源极性
打底	1.2	90~110	18~20	15~20	10~15	直流反接
填充层		130~150	20~22			
盖面		120~140				

4. 实施装配与焊接

操作要领如下:

(1) 装配与点固

1) 定位焊。在焊件坡口内定位焊,焊缝长度为10~15mm。预置反变形量为2°~3°。装配示意图如图4-27所示。

2) 对装配位置和定位焊质量进行检查。

(2) 打底焊

1) 采用右焊法,焊枪的角度如图4-28所示。

2) 焊枪做小幅度锯齿形摆动。焊接过程中不能让电

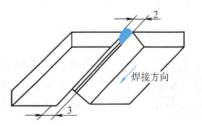

图 4-27 板对接仰焊装配示意图

弧脱离熔池,以利用电弧吹力托住熔池金属,防止液态金属下淌。必须注意控制熔孔的大小,既要保证根部焊透,又要防止焊道背面下凹、正面下坠。打底焊的熔池情况如图4-29所示。

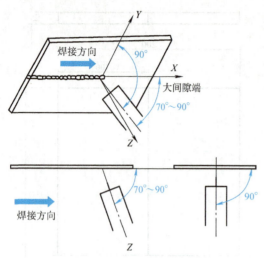

图 4-28 板对接仰焊打底焊时焊枪的角度

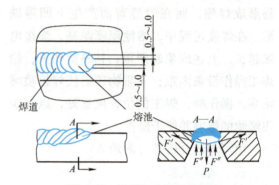

图 4-29 仰焊打底焊的熔池

P—熔池金属重力　F'—表面张力　F''—电弧吹力

(3) 填充层焊接

1) 焊前先清除、打磨打底焊道和坡口表面的飞溅和氧化物，并用角向砂轮机将局部凸起的焊道磨平。

2) 焊枪以稍大的横向摆动幅度焊接。要控制好电弧在坡口两侧的停顿时间，既要保证焊道两侧熔合良好，又要防止焊道中间下坠。

3) 填充层焊道表面高于试板下表面（不低于下表面）1.5~2.0mm，不能熔化坡口的棱边。

(4) 盖面焊

1) 焊前清理干净飞溅和氧化物。

2) 焊接过程中应根据填充焊道的高度调整焊接速度，尽可能保持摆动幅度均匀，使焊道平直、均匀，不产生两侧咬边、中间下坠等缺陷。

5. 清理现场

练习结束后，必须整理工具和设备，关闭电源，清理场地，做到"工完场清"，并由值日生或指导教师检查，做好记录。

> ☞ **关键技术点拨**

熔化极气体保护焊板对接仰焊

施焊时，采用较小的电流和尽可能采用短弧焊接，且要随时调整焊枪的角度，利用电弧吹力"顶住"液态金属。同时，焊接速度要快，以缩短熔池存在的时间，防止出现焊瘤。

四、项目评价与总结

参照评分标准（附录C）进行检查。由学生自检、互检以及教师（或专职质检员）检查，并填写质量检查记录卡（附录D）。每天留出部分时间，分小组交流讨论，分享各自的学习成果，共同进步。

第四节 半自动 CO_2 焊拓展训练项目

项目五 骑座式管板垂直俯位焊实作

一、项目任务

按图 4-30 的要求,学习骑座式管板垂直俯位焊(CO_2 焊)的基本操作技能,完成工件实作任务。

具体要求:掌握骑座式管板垂直俯位焊(CO_2 焊)的技术要求及操作要领;会制订骑座式管板垂直俯位焊(CO_2 焊)的装焊方案;会选择骑座式管板垂直俯位焊(CO_2 焊)的焊接参数,并编制简单的工艺卡(附录 B);按焊接安全、清洁和环境要求及焊接工艺完成焊接操作,制作出合格的骑座式管板垂直俯位焊(CO_2 焊)工件,并达到评分标准(附录 C)的相关质量要求。

二、项目分析

骑座式管板垂直俯位焊的操作有一定的难度,一是焊枪的角度、电弧对中的位置需随着管板角接头的弧度变化而变化;二是管子与孔板的厚度有差异,造成散热状况不同,熔化情况不同。焊接时,除保证焊透和双面成形外,还需保证焊脚尺寸。因此在打底焊和盖面焊时,电弧热量应偏向孔板,即电弧应指向孔板,避免出现咬边和焊偏,造成焊缝成形不良。

填写焊缝分析表(附录 A)。

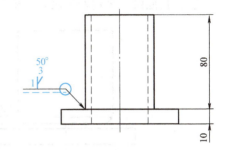
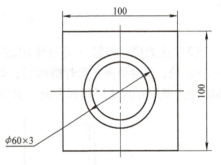

技术要求

焊接方法:半自动 CO_2 焊;试件规格:100×100×10;$\phi60\times3\times80$;接头形式:骑座式管板接头;焊接位置:平角焊;焊脚尺寸为 8。

图 4-30 骑座式管板垂直俯位焊施工图

三、项目实施

1. 安全检查

同本章项目一。

2. 焊前清理与检查

同本章项目一。

3. 选择焊接参数

焊接参数见表 4-9。

表 4-9 骑座式管板垂直俯位焊焊接参数

焊接层次	焊丝直径 /mm	焊接电流 /A	电弧电压 /V	气体流量 /(L/min)	焊丝伸出长度 /mm	电源极性
打底	1.2	70~90	17~19	12~15	10~15	直流反接
盖面 1		90~110	19~21			
盖面 2		110~130	20~22			

细丝半自动 CO_2 焊的焊接速度一般在 15~30m/h 范围内选取，应视操作者的水平而定。

4. 实施装配与焊接

操作要领如下：

(1) **装配与点固** 一点定位。采用与正式焊接相同牌号的焊丝进行定位焊，焊缝长度为 10~15mm，要求焊透，且焊脚不要过高。

(2) **打底焊** 采用左焊法。焊枪的角度如图 4-31 所示。

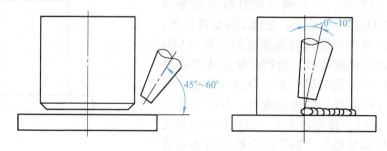

图 4-31 打底焊焊枪的角度（骑座式管板垂直俯位焊）

(3) **盖面焊** 焊第一层时使用较大电流，焊枪与垂直管的夹角减小，并指向距根部 2~3mm 处，这时得到不等焊脚焊道；焊第二层时应以小电流施焊，焊枪指向第一层焊道的凹陷处，采用左焊法即得到表面平滑的等焊脚焊道。焊枪的角度如图 4-32 所示。

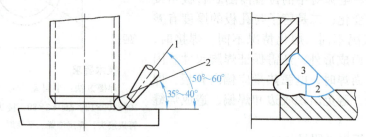

图 4-32 盖面焊焊枪的角度（骑座式管板垂直俯位焊）

5. 清理现场

练习结束后，必须整理工具和设备，关闭电源，清理场地，做到"工完场清"，并由值日生或指导教师检查，做好记录。

> **☞ 关键技术点拨**
>
> 1) 骑座式管板垂直俯位焊时，极易产生咬边、未焊透等缺陷。在操作中，应根据管板的厚度差异和焊脚尺寸来控制焊枪的角度和电弧偏向。本项目中由于板材厚度大于管子厚度，因此电弧应指向板材。
>
> 2) 焊接过程中，应随焊枪的移动及时调整身体体位，以便清楚地观察熔池。

四、项目评价与总结

参照评分标准（附录 C）进行检查。由学生自检、互检以及教师（或专职质检员）检查，并填写质量检查记录卡（附录 D）。每天留出部分时间，分小组交流讨论，分享各自的学习成果，共同进步。

项目六　管对接水平固定焊实作

一、项目任务

按图 4-33 的要求，学习管对接水平固定焊（CO_2 焊）的基本操作技能，完成工件实作任务。

具体要求：掌握管对接水平固定焊（CO_2 焊）的技术要求及操作要领；会制订管对接水平固定焊（CO_2 焊）的装焊方案；会选择管对接水平固定焊（CO_2 焊）的焊接参数，并编制简单的工艺卡（附录 B）；按焊接安全、清洁和环境要求及焊接工艺完成焊接操作，制作出合格的管对接水平固定焊（CO_2 焊）工件，并达到评分标准（附录 C）的相关质量要求。

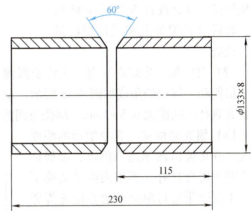

技术要求

焊接方法：半自动 CO_2 焊；试件材质与规格：20G 钢管，$\phi 133 \times 8 \times 115$；接头形式：管对接接头；焊接位置：水平固定焊。

图 4-33　管对接水平固定焊施工图

二、项目分析

该项目为大径管的水平固定焊，管子水平固定在合适的高度位置，不能转动。焊接过程经历了仰焊、立焊、平焊几种位置的变化，这就要求随着管子曲率的变化不断调整焊枪的角度和指向圆周的位置，并控制熔孔的尺寸，实现单面焊双面成形。同时，焊接速度要控制好，避免出现焊瘤、咬边等缺陷。

填写焊缝分析表（附录 A）。

三、项目实施

1. 安全检查

同本章项目一。

2. 焊前清理与检查

同本章项目一。

3. 选择焊接参数

焊接参数见表 4-10。

表 4-10　管对接水平固定焊焊接参数

焊接层次	焊丝直径 /mm	焊接电流 /A	电弧电压 /V	气体流量 /(L/min)	焊丝伸出长度 /mm	电源极性
打底	1.2	90~110	18~20	15~20	10~15	直流反接
填充层		110~130	19~21			
盖面		130~140	20~22			

4. 实施装配与焊接

操作要领如下：

(1) **装配与点固** 采用两点定位焊。第一个焊点应位于时钟的"2点"附近,第二点为"10点"位置。定位焊焊缝长 10mm 左右,要求焊透,且要保证无缺陷。定位焊后,应将焊缝两端面处打磨成斜面。定位焊位置及装配间隙如图 4-34 所示。焊后对装配位置和定位焊质量进行检查。

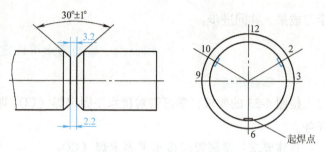

图 4-34 定位焊位置及装配间隙(管对接水平固定焊)

(2) **打底焊** 先焊右半周,在管子圆周"6点"位置处引弧开始焊接,焊枪做小幅度锯齿形摆动。焊枪的角度如图 4-35 所示。左半周操作同样。焊接过程中应控制熔孔的尺寸,通常其直径比间隙大 0.5~1mm,熔孔与间隙两边保持对称。

(3) **填充层焊接** 焊枪摆动的幅度稍大,并在坡口两侧适当停留,以保证焊道两侧熔合良好。焊道表面平整略下凹,不能熔化坡口两侧棱边且填充焊道表面低于焊件表面 2~3mm。

(4) **盖面焊** 盖面焊时,焊枪的摆动幅度比填充层焊接时大且应在焊缝两侧稍作停留,使熔池超过坡口棱边 0.5~1.5mm,以保证两侧熔合良好。

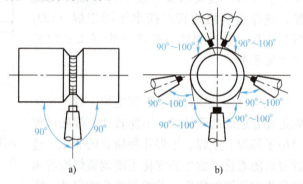

图 4-35 打底焊焊枪的角度(管对接水平固定焊)

5. 清理现场

练习结束后,必须整理工具和设备,关闭电源,清理场地,做到"工完场清",并由值日生或指导教师检查,做好记录。

> **关键技术点拨**

1)打底焊时,必须保证反面成形良好,所以焊接过程中要控制好熔孔的直径,它应比间隙大 0.5~1mm 为宜,且熔孔始终处于焊缝中心,与坡口两侧对称。初学者可以采用灭弧法进行操作。

2)由于 CO_2 焊的熔敷速度较快,效率很高,所以一定要控制好最后一层填充焊道的高度,使其低于母材 2~3mm(比焊条电弧焊时大),且不得熔化坡口的上棱边。同时,焊接速度要快,尤其是盖面焊,避免焊缝余高过高,影响焊缝成形。

3)对于 CO_2 焊,焊丝送进时有时会有一个反推力,因此焊枪一定要拿稳,且尽量采用短弧焊接,严格控制熔孔的尺寸(通过调节焊接电流和调整焊接速度、焊枪的角度来控制),避免出现焊瘤等缺陷。

四、项目评价与总结

参照评分标准(附录C)进行检查。由学生自检、互检以及教师(或专职质检员)检查,并填写质量检查记录卡(附录D)。每天留出部分时间,分小组交流讨论,分享各自的学习成果，共同进步。

第五节 工程实践及应用案例

一、汽车车身的薄板小孔的 CO_2 焊

即使采用较小的焊接参数，薄板金属还是很容易烧穿。有效的方法为加铜块散热进行焊接。

先用钢丝刷将被焊金属背面和正面的灰尘和油漆彻底清理干净，将铜块（散热器）放置在焊缝的背面（注意接触必须紧密），然后在正面用 CO_2 焊对小孔进行焊接。焊接时间视孔的大小而定，尽量缩短焊接时间，力求焊点圆滑、成形良好。铜块会将电弧热量传走，防止焊缝周围的薄板金属熔化过多。最后将焊缝打磨平整。薄板的补焊示意图如图 4-36 所示。

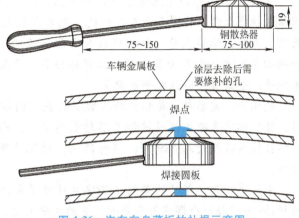

图 4-36 汽车车身薄板的补焊示意图

二、薄板与厚板（厚钢管）的 CO_2 焊

焊接时，如果不能正确调节焊接电流，容易出现两种极端：一是电流过小，薄板与厚板没熔合；二是电流过大，薄板烧穿。解决方法如下：

1) 先用气焊焊炬预热厚钢板（厚钢管）；调整焊接电流，避免烧穿薄板，然后采用薄板的焊接工艺及焊接参数对两个金属结构进行焊接。

2) 调整焊接电流以适合于厚板的焊接。焊接时，将电弧 90% 的能量转移到厚板，并减少在薄板停留的时间。这种技术较难掌握。

三、薄壁钢管与厚钢板的 CO_2 焊

薄壁管与厚板焊接时，薄壁管是最容易焊穿的部分。可以在焊接过程中采用一根散热棒，即将一根实心圆棒插入薄壁圆管中（或将一根实心矩形棒插入矩形管中），实心的棒料会带走绝大部分的电弧热量并防止烧穿。注意所选择的棒料外径大小必须与薄壁管内径大小的差别不能太大（最好是间隙配合），如图 4-37 所示。

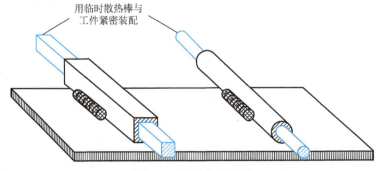

图 4-37 散热棒的使用

榜样的故事

巧手筑星船，匠心舞九天

——中国航天科技集团有限公司五院529厂载人航天器焊接高级技师 郑兴

30岁出头的郑兴是五院529厂电焊工，高级技师，师从国家级技能大师工作室负责人张铁民，先后参与完成了神舟、天宫、天舟、嫦娥五号、新一代载人飞船试验船、空间站天和核心舱等重大型号金属密封舱体焊接任务，荣获了全国技术能手、全国青年岗位能手等荣誉。

能吃苦、爱思考，是郑兴给人留下的最深的印象。18岁时，凭借北京市职业院校技能竞赛的获奖证书，郑兴作为唯一的技校生特招进入529厂，那时的他，对航天事业还懵懂无知。

来厂第一天，当时的车间主任路主任就带郑兴去看身后的标语——"每一个焊点关系到航天员的生命安危，每一道工序影响着载人航天的成败"。那个时候，他才知道肩上所担负的责任有多大。

当时，中国载人航天事业正在快速发展，厂里推出竞争上岗制度。只要技能出众，都可以成为主岗人员，参与国家重点型号研制。明白了职责所在，郑兴下定决心苦练技艺。十多年的勤学苦练，郑兴终于从初级工成长为一名高级技师，还成为了全国技术能手。近年来，郑兴担任主岗焊接的神舟飞船、天宫、天舟、新一代载人飞船试验船相继成功发射，空间站天和核心舱等航天器也陆续启程，开启中国人大规模建设空间站、探索宇宙奥秘的新时代。

第五章 典型焊接接头埋弧焊实作

第一节 埋弧焊概述

一、埋弧焊的焊接过程及原理

埋弧焊是利用焊剂层下的电弧加热熔化焊丝及其周围的焊剂和工件,实现焊接的一种方法,又称为焊剂层下电弧焊。埋弧焊焊缝的成形过程如图 5-1 所示。焊丝末端和工件之间产生电弧,电弧使焊丝末端及周围的焊剂熔化,部分焊剂分解,形成高温气体,这部分气体将电弧周围的熔化焊剂(熔渣)排开而形成一个封闭空穴,加上外层焊剂的机械保护作用,使得电弧与外界空气隔

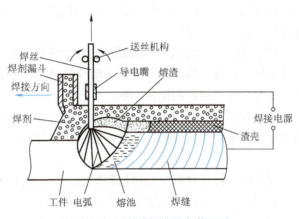

图 5-1 埋弧焊焊缝纵向截面图

绝。电弧在此空间不断熔化焊丝,使之与被熔化的母材金属混合形成熔池。与此同时,焊剂也不断地撒在电弧周围,使电弧埋在焊剂中燃烧。随着焊接过程的进行,电弧向前移动,焊接熔池也随之冷却凝固,形成焊缝。熔渣浮在熔池表面,冷却后形成渣壳。

埋弧焊的焊接过程如图 5-2 所示。焊接开始时,焊接电弧在焊丝与工件之间燃烧,送丝机构将焊丝经过导电嘴送入电弧燃烧区,并保持焊丝的送丝速度与熔化速度相等;同时,焊剂从焊剂漏斗送到电弧区周围,堆积成 40~60mm 的焊剂带,焊接电弧就在焊剂层下燃烧。完成焊接后,形成焊缝和坚硬的渣壳,未熔化的焊剂壳可回收使用。焊接时,焊机的起动、引弧、送丝、机头(或焊件)的移动等全过程由焊机进行机械化控制,焊工只需按动相应的按钮即可完成工作。

二、埋弧焊的特点及应用范围

与焊条电弧焊相比,埋弧焊有以下特点:

(1) 生产效率高 埋弧焊可以使用较大的电流,焊接熔敷率和焊接速度要比其他焊接方法高。特别是多丝埋弧焊,生产效率提高更明显。

(2) 焊缝质量好 由于焊接过程中的参数稳定,且焊接电弧及焊接区域受到良好的保护,所以焊缝外观平整光滑,成形美观。

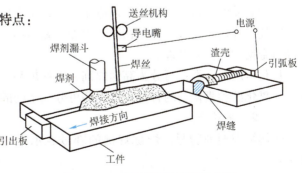

图 5-2 埋弧焊的焊接过程示意图

(3) 焊接成本低 由于焊接时的热输入较大，焊接厚度为 30mm 以下的对接接头可以不开坡口或开浅坡口而焊成全焊透的焊缝，既减少了坡口的加工量和焊丝的填充量，又节约了电能。

(4) 劳动条件好 由于电弧在焊剂层下燃烧，焊接时看不见弧光，焊接烟雾和有害气体也较少，故焊工的劳动条件大为改善。

(5) 装配质量要求高 埋弧焊焊接时，焊接区域不可见，电弧与坡口的相对位置无法观察，焊件装配质量不好时则易焊偏，影响焊接质量。

(6) 难以实现空间位置的焊接 受到焊剂自身重力的影响，埋弧焊只适合于平焊或倾斜角度不大于 15°的位置的焊接。对于其他位置的埋弧焊，必须采用特殊措施来保证焊剂能覆盖焊接区域方可使用。

(7) 不适宜焊薄板和短焊缝 埋弧焊的焊接电流小于 100A 时，电弧不稳定，焊接薄板时易焊穿。此外，埋弧焊的机动灵活性较差，一般只适合焊接长焊缝或大圆弧焊缝，焊接弯曲、不规则或短焊缝则比较困难。

埋弧焊是工业生产中最常用的一种焊接方法，适于批量较大、较厚、较长的直焊缝及较大直径的环形焊缝的焊接，广泛应用于化工容器、锅炉、造船、桥梁等金属结构的制造。

三、埋弧焊焊接材料

埋弧焊的焊接材料包括焊丝和焊剂，它们相当于焊条的焊芯和药皮。国产埋弧焊用碳钢焊丝和焊剂已列入国家标准 GB/T 5293—2018。

(1) 焊丝 对埋弧焊所用焊丝的要求，与焊条的焊芯基本相同，此处不再重述。

埋弧焊常用焊丝规格有 2mm、3mm、4mm、5mm、6mm 等几种。使用时，要求将焊丝表面的油、锈等清理干净，以免影响焊接质量。碳钢焊丝表面镀有一薄层铜，可防止焊丝生锈并使导电嘴与焊丝间的导电更为可靠，提高电弧的稳定性。

(2) 焊剂 在焊接过程中，焊剂起着与焊条药皮类似的作用，它不仅可防止空气中的有害气体侵入熔池，而且还有稳弧、造渣、脱氧和渗合金、减少硫和磷等杂质的作用。焊剂焊后形成的熔渣覆盖在焊缝上，降低了焊缝金属的冷却速度，有利于气体逸出和改善焊缝金属的性能及表面成形。

1) 焊剂的分类。焊剂可按制造方法和化学成分进行分类。

按制造方法分类：可分为熔炼焊剂和烧结焊剂两类。

①熔炼焊剂。熔炼焊剂是将一定比例的各种配料干混均匀后在炉内熔炼，随后经水冷粒化、烘干而成的。目前，熔炼焊剂应用最多，主要用于碳钢、低合金钢的焊接。

②烧结焊剂。烧结焊剂是在原料中加入黏结剂混合搅拌后烧结而成的。烧结焊剂主要用于高合金钢的焊接或堆焊。

按化学成分分类：可分为高锰焊剂、中锰焊剂、低锰焊剂和无锰焊剂。根据焊剂中氧化锰、二氧化硅和氟化钙的含量高低，还可分成不同的焊剂类型。

2) 焊剂的牌号。

①熔炼焊剂的牌号。熔炼焊剂的牌号表示为"HJ×××"，HJ 后面的三位数字含义如下：

| 1 | 2 | 3 | x |

1——氧化锰的平均含量；2——二氧化硅、氟化钙的平均含量；3——同一类焊剂的不同牌号，对细颗粒焊剂，该数字后加"x"。

例如：HJ 4 3 1 x

HJ——埋弧焊用熔炼焊剂；4——焊剂为高锰型；3——焊剂为高硅低氟型；1——牌号编号为1；x——细颗粒焊剂。

②烧结焊剂的牌号。烧结焊剂的牌号表示为"SJ X X X"，SJ后面的三位数字含义如下：

| 1 | 2 | 3 |

1——焊剂熔渣的渣系类型；23——同一渣系类型焊剂的不同牌号。

例如：SJ 5 01

SJ——埋弧焊用烧结焊剂；5——焊剂熔渣系为铝钛型；01——牌号的编号为01。

(3) 焊剂及焊丝的选配 焊剂和焊丝的正确选用及二者之间的合理配合，是获得优质焊缝的关键，也是埋弧焊工艺过程的重要环节，所以必须按焊件的性能和要求，正确合理地选配焊丝和焊剂。例如，焊接低碳钢时，为了保证焊缝金属的力学性能，可选用高锰高硅焊剂（如HJ430、HJ431），配合低锰焊丝（H08A）或含锰焊丝（H08MnA）；也可选用无锰高硅或低锰高硅焊剂，配合高锰焊丝（H10Mn2）。常用焊剂与焊丝的选配及其用途见表5-1。

表5-1 常用焊剂与焊丝的选配及其用途

焊剂牌号	焊剂类型	配用焊丝	焊接材料
HJ130	无锰高硅低氟	H10Mn2	低碳钢、低合金钢
HJ230	低锰高硅低氟	H08MnA，H10Mn2	低碳钢、低合金钢
HJ260	低锰高硅中氟	不锈钢焊丝	不锈钢、轧辊堆焊
HJ330	中锰高硅低氟	H08MnA，H10Mn2	重要低碳钢、低合金钢
HJ430	高锰高硅低氟	H08A，H08MnA	重要低碳钢、低合金钢
HJ431	高锰高硅低氟	H08A，H08MnA	重要低碳钢、低合金钢
HJ433	高锰高硅低氟	H08A	低碳钢
SJ401	硅锰型	H08A	低碳钢、低合金钢
SJ501	铝钛型	H08MnA	低碳钢、低合金钢
SJ502	铝钛型	H08A	重要低碳钢、低合金钢

四、埋弧焊机

埋弧焊机按送丝方式可分为等速送丝式和变速送丝式焊机；按焊丝数目可分为单丝、双丝和多丝焊机；按行走机构形式可分为小车式、门架式和伸缩臂式焊机三类。等速送丝是利用电弧自身的调节作用来进行弧长调节的：当弧长增加时，焊丝熔化速度下降，使弧长减小；反之，当弧长减小时，焊丝熔化速度增大，使弧长增加。变速送丝是利用电弧电压的变化来控制送丝速度的：当弧长增加时，电弧电压增高，控制系统使送丝速度提高，使弧长恢复;反之,当弧长减小时,电弧电压减小,使送丝速度降低,使弧长恢复。等速送丝系统在埋弧半自动焊机和部分埋弧自动焊机中采用。变速送丝系统适用于大直径焊丝的埋弧自动焊。

(1) **埋弧焊电源** 埋弧焊电源可以采用交流,直流或交、直流两用电源,见表5-2。

表5-2 埋弧焊电源的选用

焊接电流/A	焊接速度/(cm/min)	电源类型
300~500	>100	直流
600~1000	3.8~75	交流、直流
≥1200	12.5~38	交流

(2) **MZ-1000型埋弧焊机用焊接小车** MZ-1000型埋弧焊机是典型的变速送丝式埋弧焊机,其配套使用的焊接小车如图5-3所示。小车的横臂上悬挂着机头、焊剂漏斗、焊丝盘和控制盘。机头的功能是送给焊丝,它由一台直流电动机、减速机构和送给轮组成,焊丝从滚轮中送出,经过导电嘴进入焊接区。控制盘和焊丝盘安装在横臂的另一端,控制盘上有电流表、电压表、用来调节小车行走速度和焊丝送给速度的电位器、控制焊丝进、退的按钮、控制电流增大和减小的按钮等。为适应不同形式的焊缝,焊接小车的结构可在一定的方位上沿立柱转动。

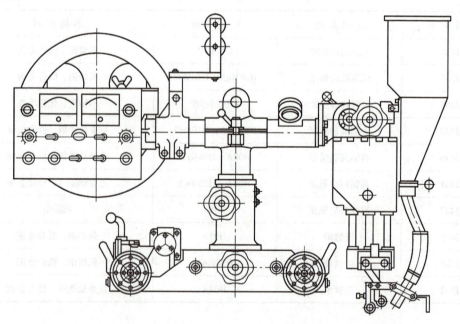

图5-3 MZ-1000型埋弧焊机用焊接小车

(3) **控制系统** 埋弧自动焊机的控制系统由电源接触器、中间继电器、降压变压器、电流互感器等电气元件及各种控制开关组成。主要用于控制埋弧焊机的自动焊接。

(4) **辅助设备** 常用的埋弧自动焊辅助设备主要由改变焊件焊接位置的装置、焊机变位装置、保证焊缝背面成形的焊接衬垫等组成。

第二节　埋弧焊训练项目

项目一　板对接水平双面焊实作

一、项目任务

按图 5-4 的要求,学习板对接水平双面焊(埋弧焊)的基本操作技能,完成工件实作任务。

具体要求:掌握板对接水平双面焊(埋弧焊)的技术要求及操作要领;会制订板对接水平双面焊(埋弧焊)的装焊方案;会选择板对接水平双面焊(埋弧焊)的焊接参数,并编制简单的工艺卡(附录 B);按焊接安全、清洁和环境要求及焊接工艺完成焊接操作,制作出合格的板对接水平双面焊(埋弧焊)工件,并达到评分标准(附录 C)的相关质量要求。

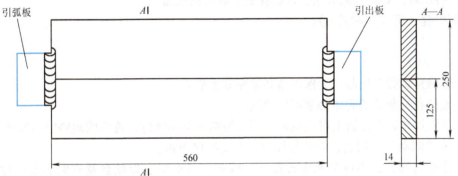

技术要求

1. 对接双面焊缝要焊透。
2. 根部间隙不大于 0.8,错边量不大于 0.5。
3. 正、背面焊缝的焊缝宽度 $c = 20 \pm 2$,焊缝余高 $h = 2 \pm 1$。
4. 引弧板、引出板的尺寸均为 100×60×14,焊前用焊条电弧焊定位焊。

图 5-4　板对接水平双面焊施工图

二、项目分析

双面焊是埋弧焊对接接头的最主要焊接技术,适用于中厚板的焊接。在焊接双面埋弧焊的第一面时,既要保证一定的熔深,又要防止熔化金属的流溢或烧穿焊件。焊接时必须采取一些必要的工艺措施,以保证焊接过程的顺利进行。按采取的不同措施,可将双面埋弧焊分为以下几种。

1. 不留间隙双面焊

这种焊接方法就是在焊第一面时焊件背面不加任何衬垫或辅助装置,因此也称为悬空焊接法。为防止液态金属从间隙中流失或引起烧穿,要求焊件在装配时不留间隙或只留很小的间隙(一般不超过 1mm)。

2. 预留间隙双面焊

这种焊接方法是在装配时根据焊件的厚度预留一定的装配间隙,为防止熔化金属流溢,接缝背面应衬以焊剂垫,如图 5-5 所示,并须采取措施使其在焊缝全长都与焊件贴合,且压力均匀。

3. 开坡口双面焊

对于不宜采用较大热输入焊接的钢材或厚度较大的焊件，可采用开坡口双面焊。对于开坡口的焊件，焊接第一面时，可采用焊剂垫。当无法采用焊剂垫时，可采用悬空焊，此时坡口应加工平整，同时保证坡口间隙不大于1mm，以防止熔化金属流溢。

4. 焊条电弧焊封底双面焊

当不能翻身进行双面焊又不便采用其他单面焊工艺时，往往采用焊条电弧焊先仰焊封底、再用埋弧焊焊正面焊缝的方法。这种方法主要用于船体建造总段合拢时甲板接缝和双层底接缝。此外，对于重要的构件，常采用TIG焊打底、再用埋弧焊焊接的方法，以确保底层焊缝的质量。

图5-5 焊剂垫结构
1—焊件 2—石棉板 3—焊剂
4—充气橡皮管 5—熔渣

填写焊缝分析表（附录A）。

三、项目实施

1. 安全检查

1）正确穿戴劳保用品，劳保用品必须完好无损。
2）电源和控制箱的壳体必须可靠接地。
3）清除焊车行走通道上可能造成与焊件短路的金属物件，避免因短路中断焊接。
4）按"起动"按钮前，应放好焊剂，以免出现明弧。
5）接通电源后，不可触及电缆接头、焊丝、导电嘴、焊丝盘及支架等带电体，防止触电。
6）焊接时，应能及时排除烟尘、粉尘等有害气体。
7）在实作过程中督促、检查劳保用品的穿戴和安全操作规程的执行情况。

2. 焊前操作准备

（1）**焊接要求** 不清根双面焊、焊透；焊接位置为平焊。

（2）**焊前清理** 清理干净焊件坡口面及其正反两侧20~30mm范围内的油、锈及其他污物，直至露出金属光泽，并将待焊处修理平整。最后对焊件的清洁度、尺寸进行检查（按图样及技术要求）。

3. 选择焊接参数

焊接参数可以参考表5-3。

表5-3 板对接水平双面焊焊接参数

焊缝位置	焊丝直径/mm	焊接电流/A	电弧电压/V	焊接速度/(m/h)
反面	4	650~700	34~36	30
正面		700~750		

4. 实施装配与焊接

操作要领如下：

1）焊件的装配要求如图5-4所示。焊件的装配间隙为2~3mm，错边量不大于0.5mm，反变形量为3°。先进行定位焊,在焊件两端焊引弧板与引出板。引弧板与引出板的尺寸为100mm×60mm×14mm。焊后对装配质量和定位焊质量进行检查。

2) 背面焊缝焊接。

①安放焊件。将装配好的焊件水平放置在焊剂垫上。然后再将二者安放在埋弧焊工作台上,并确保焊件坡口与焊接台车导轨平行。焊剂垫所使用的焊剂为HJ431。在焊接过程中,应保证焊件正面贴紧焊剂,防止焊件因变形而与焊剂脱离后产生焊接缺陷。

②焊丝对中检查。调节焊机机头,使焊丝伸出端处于焊件坡口的中心线上。松开焊接小车离合器,往返拉动焊接小车,使焊丝始终处于整条焊缝坡口的中心线上;若有偏离,应调整焊机机头或焊件的位置。

③引弧。将小车推至引弧板端,锁紧小车行走离合器;接通焊接设备电源,按动控制盘上的"送丝"按钮,使焊丝与引弧板可靠接触;给送焊剂,让焊剂覆盖住焊丝伸出部分的起焊部位。在空载状态下调节焊接参数,并达到要求值。按下起动开关,引燃电弧。

④焊接。引弧后,便开始焊接。焊接过程中应注意观察焊接电流表与电压表的读数是否与选定参数相符,如不符,应及时调整到规定值。同时要注意焊剂的覆盖情况,要求焊剂在焊接过程中必须覆盖均匀,不应过厚,也不应过薄而露出弧光。小车走速应均匀,注意防止电缆缠绕而阻碍小车的行走。

⑤收弧。焊接过程进行到熔池全部到达引出板后,分两步收弧。第一步,先关闭焊剂漏斗,再按下一半"停止"按钮,使焊丝停止送进,小车停止前进,但电弧仍在燃烧,以使焊丝继续熔化来填满弧坑;第二步,估计弧坑将要填满时,全部按下"停止"按钮,电弧完全熄灭,结束焊接。

⑥清渣。松开小车离合器,将小车推离焊件;回收焊剂,清除渣壳,并检查焊缝外观质量,要求背面焊缝的熔深应达板厚的40%~50%,否则应增大焊接电流,适当减小焊接速度,直至满足条件。

3) 正面焊缝焊接。将焊件翻转180°,进行正面焊缝的焊接,其方法和步骤与背面焊缝的焊接完全相同。

5. 清理现场

练习结束后,必须整理工具和设备,关闭电源,清理场地,做到"工完场清",并由值日生或指导教师检查,做好记录。

▶ 关键技术点拨

1. 采用悬空焊接

焊正面焊缝时,可不用焊剂垫,进行悬空焊接,这样可在焊接过程中通过观察背面焊缝的加热颜色来估计熔深;也可仍在焊剂垫上进行焊接。

2. 防止未焊透或夹渣

要求正面焊缝的熔深能达到板厚的60%~70%,为此通常采用加大电流的方法来实现较为简便。可通过观察熔池背面的颜色来判断、估计熔池的深度,从而及时调整焊接参数。若熔池背面为红色或淡黄色,则表示熔深符合要求;若熔池背面接近白亮色,说明有烧穿的危险,应立即减小焊接电流;若熔池背面看不见颜色变化或为暗红色,则表明熔深不够,应增加焊接电流。

四、项目评价与总结

参照评分标准(附录C)进行检查。由学生自检、互检以及教师(或专职质检员)检查,并填写质量检查记录卡(附录D)。每天留出部分时间,分小组交流讨论,分享各自的学习成果,共同进步。

项目二 T形接头平角焊实作

一、T形接头平角焊实作

(一)项目任务

按图5-6的要求,学习T形接头平角焊(埋弧焊)的基本操作技能,完成工件实作任务。

具体要求:掌握T形接头平角焊(埋弧焊)的技术要求及操作要领;会制订T形接头平角焊(埋弧焊)的装焊方案;会选择T形接头平角焊(埋弧焊)的焊接参数,并编制简单的工艺卡(附录B);按焊接安全、清洁和环境要求及焊接工艺完成焊接操作,制作出合格的T形接头平角焊(埋弧焊)工件,并达到评分标准(附录C)的相关质量要求。

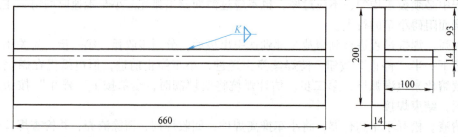

图5-6 T形接头平角焊施工图

(二)项目分析

T形接头和搭接接头的焊缝均是角焊缝。大焊件及焊件不易翻转时则采用平角焊。

当采用T形接头和搭接接头的焊件太大、不便翻转或因其他原因不能进行船形焊时,可采用焊丝倾斜布置的平角焊来完成。为保证焊缝的良好成形,焊丝与立板的夹角 α 应保持在 15°~45° 范围内(一般为 20°~30°)。平角焊缝埋弧焊示意图如图5-7所示。

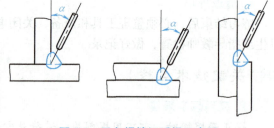

图5-7 平角焊缝埋弧焊示意图

填写焊缝分析表(附录A)。

(三)项目实施

1. 安全检查

同本章项目一。

2. 焊前操作准备

同本章项目一。

3. 选择焊接参数

焊接参数见表5-4。

表 5-4　T形接头平角焊焊接参数

焊缝道数	焊丝直径/mm	焊接电流/A	电弧电压/V	焊接速度/(m/h)
1	4	700~750	36~39	25~30
2		650~700	36~38	

4. 实施装配与焊接

操作要领如下：

(1) 装配与点固　焊件装配要求如图 5-6 所示。划装配线，焊件的根部装配间隙为 1~1.5mm。先在焊件两端进行定位焊，定位焊缝长 10~15mm；后在焊件两端焊引弧板与引出板，引弧板与引出板的尺寸为 100mm×60mm×14mm，如图 5-8 所示。焊后对装配位置和定位焊质量进行检查。

(2) 焊接

1) 安放焊件。使用的焊剂为 HJ431。先在焊缝起焊处和收尾处堆放足够的焊剂。在焊接过程中，应保证焊件正面贴紧焊剂，防止焊件因变形而与焊剂脱离后产生焊接缺陷。

2) 焊丝对中检查。调节焊机机头，使焊丝伸出端处于焊件坡口的中心线上。松开焊接小车离合器，往返拉动焊接小车，使焊丝始终处于整条焊缝的中心线上；若有偏离，应调整焊机机头或焊件的位置。焊丝与立板的夹角 α 应保持在 15°~45°范围内（一般为 20°~30°），如图 5-9 所示。

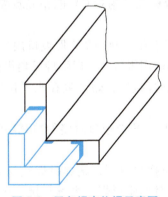

图 5-8　平角焊定位焊示意图

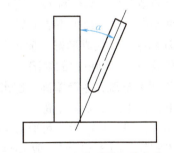

图 5-9　平角焊时焊丝的角度

3) 引弧。将小车推至引弧板端，锁紧小车行走离合器；接通焊接设备电源，按动控制盘上的"送丝"按钮，使焊丝与引弧板可靠接触；送给焊剂，让焊剂覆盖住焊丝伸出部分的起焊部位。在空载状态下调节焊接参数，达到要求值。按下起动开关，引燃电弧。

4) 焊接。引弧后，便开始焊接。焊接过程中应注意观察焊接电流表与电压表的读数是否与选定参数相符，如不相符，应及时调整到规定值。同时要注意焊剂的覆盖情况，要求焊剂在焊接过程中必须覆盖均匀，不应过厚，也不应过薄而露出弧光。小车走速应均匀，注意防止电缆缠绕而阻碍小车的行走。

5) 收弧。焊接过程进行到熔池全部到达引出板后，分两步收弧。第一步，先关闭焊剂漏斗，再按下一半"停止"按钮，使焊丝停止送进，小车停止前进，但电弧仍在燃烧，以使焊丝继续熔化来填满弧坑；第二步，估计弧坑将要填满时，全部按下"停止"按钮，电弧完全熄灭，结束焊接。

6) 清渣。松开小车离合器，将小车推离焊件；回收焊剂，清除渣壳，并检查焊缝外观质量。

(3) 用同样的方法完成另一条焊缝的焊接

5. 清理现场

练习结束后，必须整理工具和设备，关闭电源，清理场地，做到"工完场清"，养成良好职业习惯，并由值日生或指导教师检查，做好记录。

(四) 项目评价与总结

参照评分标准（附录C）进行检查。由学生自检、互检以及教师（或专职质检员）检查，并填写质量检查记录卡（附录D）。每天留出部分时间，分小组交流讨论，分享各自的学习成果，共同进步。

二、T形接头船形焊实作

(一) 项目任务

按图5-6的要求，学习T形接头船形焊（埋弧焊）的基本操作技能，完成工件实作任务。

具体要求：掌握T形接头船形焊（埋弧焊）的技术要求及操作要领；会制订T形接头船形焊（埋弧焊）的装焊方案；会选择T形接头船形焊（埋弧焊）的焊接参数，并编制简单的工艺卡（附录B）；按焊接安全、清洁和环境要求及焊接工艺完成焊接操作，制作出合格的T形接头船形焊（埋弧焊）工件，并达到评分标准（附录C）的相关质量要求。

(二) 项目分析

船形焊是将装配好的焊件旋转一定角度，相当于在呈90°的V形坡口内进行对接平焊。小焊件及焊件易翻转时，则采用船形焊。目前船形焊用得较多。船形埋弧角焊有如下特点：

(1) 熔池水平，焊缝成形好 船形位置角焊缝焊接时，熔池处在水平位置，焊缝成形好，可以避免咬边及焊脚单边的缺陷。

(2) 可采用大电流，生产率高 船形角焊类似90°V形坡口对接的填充层焊接，可采用粗焊丝、大电流，生产率显著提高。

当板厚相等，即 $\delta_1 = \delta_2$ 时，可取 $\alpha = 45°$，为对称船形焊，施焊时焊丝与接头中心线重合；当板厚不相等，即 $\delta_1 < \delta_2$ 时，取 $\alpha < 45°$，为不对称船形焊，焊丝与接头中心线不重合，且焊丝端头偏向厚板，因而熔合区偏向厚板的一侧。船形焊对接头的装配质量要求较高，要求接头的装配间隙不得超过1~1.5mm，否则便需采取工艺措施，如预填焊丝、预封底或在接缝背面设置衬垫等，以防止熔化金属从装配间隙中流失。

填写焊缝分析表（附录A）。

(三) 项目实施

1. 安全检查

同本章项目一。

2. 焊前操作准备

同本章项目一。

3. 选择焊接参数

焊接参数参见表5-5。

表 5-5 不开坡口船形焊焊接参数

焊脚尺寸 K/mm	焊丝直径/mm	焊接电流/A	电弧电压/V	焊接速度/(m/h)
6	2	400~475	34~36	40~42
8	2	475~525	34~36	28~30
	3	550~600	34~36	30~32
	4	575~625	34~36	31~33
	5	675~725	36~38	33~35
10	3	600~650	33~35	21~23
	4	650~700	34~36	23~25
	5	725~775	34~36	24~26
12	3	600~650	34~36	15~17
	4	725~755	36~38	17~19
	5	775~825	36~38	18~20

4. 操作要领

(1) 焊丝位置 当 T 形接头的两板厚度相等时，焊丝应置于垂直位置，和两板均成 45°，如图 5-10a 所示。若两板厚度不等，则焊丝应向薄板倾斜，即电弧偏向厚板。不对称船形焊（焊件和水平线不成 45°角）时，可能在一板上产生咬边，而另一板上出现焊瘤。为避免这种缺陷，焊丝仍可处于垂直位置，但焊件做少量偏移，如图 5-10b、c、d 所示。

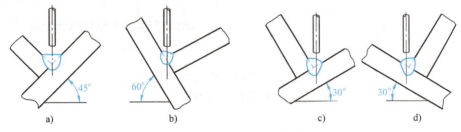

图 5-10 船形焊时焊丝的位置

(2) 焊件位置 对于开坡口 T 形接头的船形焊，由于两板的焊脚尺寸要求是不等的，通常翼板的焊脚尺寸为 1/4 的腹板厚度，且不大于 10mm，为了获得良好的焊缝成形，焊前应将 T 形焊件转成合适的位置，将要焊成的焊缝表面置于水平位置，如图 5-11 所示，这时焊丝是垂直的，熔池是水平的。

(3) 间隙要求高 船形焊时，间隙要求不大于 1.5mm，否则熔化金属易从间隙中流失，甚至可能烧穿，这时应在反面加上临时衬垫。

(4) 粗焊丝、大电流、慢焊速，可焊大焊脚 由于熔池处于水平位置，焊缝成形好，不易产生焊脚单边，所以船形焊可以使用大电流、粗焊丝和慢焊速。

(5) 工件的安置和翻转 船形焊广泛应用于焊接 T 形构件、工字梁及箱形梁。在批量生产中，工件的安置和翻转影响着生产率。可以制作一个简单的胎架，如图 5-12 所示，将工字梁安置在胎架上，用 MZ-1000 型或 MZ-630 型埋弧自动焊机装上导向滚轮，实施船形焊，也可在胎架旁设置轨道，焊机沿轨道前进，以完成船形焊。利用四根升降杆可以制成可调节角度的胎架，如图 5-13 所示，这种胎架可以调节焊件的倾斜角度，以适应焊件倾斜的需要。

（6）减小焊接变形 工字梁多采用船形焊，为了减小工字梁的焊接变形，根据工字梁焊缝的不同形式，可采用图 5-14 所示的几种焊接顺序。焊脚尺寸为 12mm 以下的工字梁，可用单层焊缝焊成，其焊接顺序如图 5-14a 所示。工字梁的每条焊缝需两条焊道焊成时，可采用图 5-14b 所示的焊接顺序。当工字梁采用多层多道焊时，可参照图 5-14c、d 所示的焊接顺序来焊接。这些焊接顺序的基本原则是对称焊接和两面交替的对称焊接。

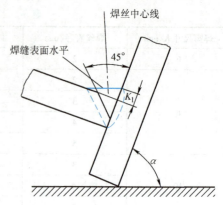

图 5-11 开坡口 T 形接头船形焊的焊件位置

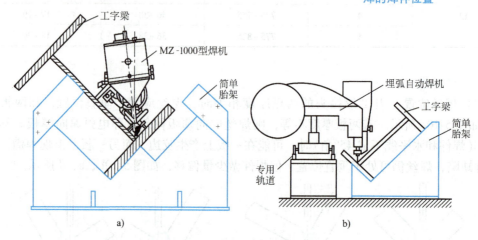

图 5-12 船形焊用工字梁的简单胎架
a）焊机用 b）轨道用

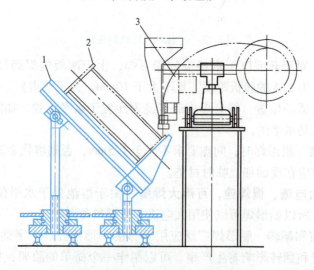

图 5-13 船形焊用可调节角度的胎架
1—可调节胎架 2—焊件 3—焊接小车

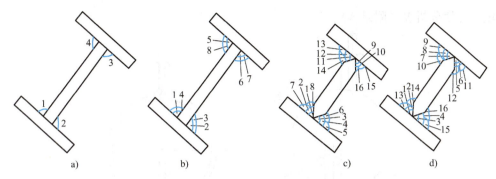

图 5-14 工字梁焊接顺序示意图

5. 清理现场

练习结束后，必须整理工具和设备，关闭电源，清理场地，做到"工完场清"，养成良好职业习惯，并由值日生或指导教师检查，做好记录。

（四）项目评价与总结

参照评分标准（附录 C）进行检查。由学生自检、互检以及教师（或专职质检员）检查，并填写质量检查记录卡（附录 D）。每天留出部分时间，分小组交流讨论，分享各自的学习成果，共同进步。

项目三　对接接头环缝埋弧焊实作

一、项目任务

按图 5-15 的要求，学习对接接头环缝埋弧焊的基本操作技能，完成工件实作任务。

具体要求：掌握对接接头环缝埋弧焊的技术要求及操作要领；会制订对接接头环缝埋弧焊的装焊方案；会选择对接接头环缝埋弧焊的焊接参数，并编制简单的工艺卡（附录 B）；按焊接安全、清洁和环境要求及焊接工艺完成焊接操作，制作出合格的对接接头环缝埋弧焊工件，并达到评分标准（附录 C）的相关质量要求。

二、项目分析

环缝埋弧焊是制造圆柱形容器最常用的一种焊接形式。圆柱形筒体筒节的对接焊缝称为环缝。环缝焊接与直缝焊接最大的不同点是：焊接时必须将焊件置于滚轮架上，由滚轮架带动焊件旋转，而焊机固定在操作机上不动，仅有焊丝向下输送的动作，因此焊件旋转的线速度就是焊接速度。如果焊接筒体的内环缝，则需将焊机置于操作机上，然后操作机伸入筒体内部进行焊接。为了得到良好的焊缝成形，环缝对接焊的焊接位置为平焊位置，焊丝相对于筒体中心的旋转方向有一个偏移量 a，焊丝的偏置距离随所焊筒体直径而变，一般取 $a = 50 \sim 70$ mm，如图 5-16 所示，进行内、外环缝焊接时，焊接熔池能基本上保持在水平位置凝固。

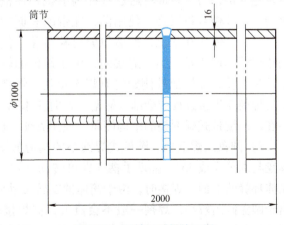

图 5-15 环缝埋弧焊施工图

填写焊缝分析表（附录A）。

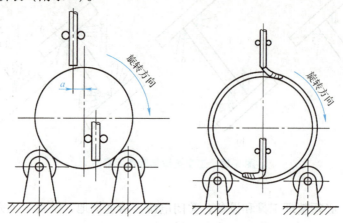

图 5-16　环缝埋弧焊焊丝偏移位置示意图

三、项目实施

1. 安全检查

同本章项目一。

2. 焊前操作准备

（1）装配定位　首先将坡口及两侧的铁锈、油污等用角向磨光机打磨干净，直至露出金属光泽，再进行装配定位。装配时，要保证对接处的错边量在2mm以内，对接处不留间隙，局部间隙应小于1mm。筒体装配时要避免出现十字焊缝，相邻筒节与筒节、筒节与封头的纵缝要错开，错开距离大于筒体壁厚的3倍且不小于100mm。定位焊采用直径为4mm的E4303焊条，定位焊缝长20~30mm，间隔300~400mm，直接焊在筒体外表。定位焊结束后，应清除定位焊缝表面渣壳，并用钢丝刷清除定位焊缝两侧飞溅物。

（2）装设焊剂垫和保留盒　焊接内环缝时需使用焊剂垫。常用焊剂垫有如下三种：

1）连续带式焊剂垫。连续带式焊剂垫的构造如图5-17所示。带宽200mm，绕在两个带轮上，一只带轮固定，另一只带轮通过丝杠调节机构做横向移动，以放松或拉紧带。使用前，在带的表面撒上焊剂，将筒体压在带上，然后拉紧可移带轮，使焊剂垫对筒体产生承托力。焊接时，由于筒体的转动带动带旋转，使熔池外侧始终有焊剂承托。焊剂垫

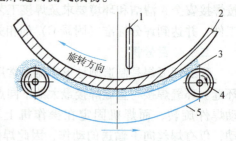

图 5-17　连续带式焊剂垫

1—焊丝　2—筒体　3—焊剂　4—带轮　5—带

上的焊剂在焊接过程中会部分撒落，这时应添加一些焊剂，以保证焊剂垫上始终有一层焊剂存在。连续带式焊剂垫的结构简单，使用方便，已得到大量推广和应用。

2）圆盘式焊剂垫。圆盘式焊剂垫的构造如图5-18所示。工作时，将焊剂装在圆盘内，圆盘与水平面成45°。摇动手柄5即可转动丝杠6，使圆盘上、下升降。焊剂垫应压在待焊筒体环缝的下面，焊接时，由于筒体的旋转带动圆盘随之转动，焊剂便不断进到焊接部位。由于圆盘倾角较小，焊剂一般不会流失，但焊接时仍应注意经常在圆盘里保持有足够的焊剂，且升降丝杠必须有足够的行程，以适应不同直径筒体的需要。圆盘式焊剂垫的主要优点

是焊剂始终可靠地压向焊缝，且体积较小，使用时比较方便、灵活。

3）对于直径小于500mm的筒体，进行外环缝焊接时，由于筒体表面的曲率较大，焊剂往往不能停留在焊接区域周围，而容易向两侧散失，使焊接过程无法进行。在生产中通常采用保留盒将焊接区域周围的焊剂保护起来，如图5-19所示。焊接时，保留盒轻轻靠在筒体上，不随筒体转动，待焊接结束后，再将保留盒去掉。

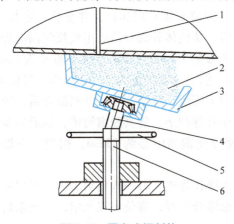

图 5-18 圆盘式焊剂垫
1—筒体环缝 2—焊剂 3—圆盘
4—轴 5—手柄 6—丝杠

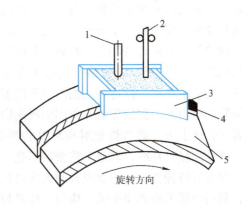

图 5-19 焊剂保留盒
1—焊剂输送管 2—焊丝 3—焊剂保留盒
4—焊缝渣壳 5—筒体

（3）焊接参数 焊接参数见表5-6。

表 5-6 环缝埋弧焊焊接参数

焊丝	直径	焊剂	焊接电流	焊接电压	焊接速度	焊丝偏移量
H08A	5mm	431	700~720A	38~40V	28~30m/h	35mm

3. 焊接顺序

筒体内、外环缝的焊接顺序一般是先焊内环缝，后焊外环缝。双面埋弧焊焊接内环缝时，可使用内伸式焊接小车，如图5-20所示，或立柱式操作机；焊接外环缝时，可使用立柱式操作机或平台式、龙门式操作机。内环缝焊完后，一般要用炭弧气刨清根，打磨后再焊外环缝。

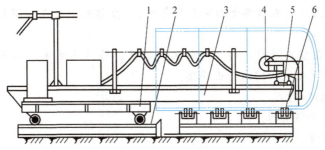

图 5-20 内伸式焊接小车
1—行车 2—行车导轨 3—悬臂梁 4—焊接小车
5—小车导轨 6—滚轮架

4. 操作要领

将焊剂垫安放在待焊部位；检查操作机、滚轮架的运转情况全部正常后，将装配好的筒体吊运至滚轮架上，使筒体环缝对准焊剂垫并压在上面。驱动内环缝操作机，使悬臂伸入筒体内部，并调整焊机的送丝机构，将焊丝调整到偏离筒体中心 35mm 的地方，处于上坡焊位置，并使焊剂对准环缝的拼接处。为了使焊机的起动和筒体旋转同步，事先应将滚轮架驱动电动机的开关接在焊机的起动按钮上。焊接收尾时，焊缝必须首层相接，并重叠一定长度，重叠长度至少要达到一个熔池的长度。内环缝焊完后，从筒体外面对接处用炭弧气刨清理焊根。刨槽深 6~7mm，宽 12~19mm。炭弧气刨的工艺参数为：圆形实心炭棒，直径为 8mm，刨削电流为 300~350A，压缩空气的压力为 0.5MPa，刨削速度控制为 32~40m/h。气刨时，可随时转动滚轮架，以达到气刨的合理位置。刨槽力求深浅、宽窄均匀。气刨结束后，应彻底清除刨槽内及两侧的焊渣，并用钢丝刷刷干净。松开焊剂垫，使其脱离筒体，然后将操作机置于筒体上方，调节焊丝对准环缝的拼接处，使焊丝偏离中心约 35mm，相当于下坡位置，准备焊接外环缝，其他工艺参数不变。

层间清渣操作时，一般应有两人同时进行，一人操作焊机，另一人负责清渣。焊层较多时，每层焊道的排列应平满、均匀，焊缝与坡口边缘熔合良好，避免出现死角，防止未熔合和夹渣。层间清渣较困难时，可使用风铲协助清渣。

焊接结束时，环缝始端与尾端应重合 30~50mm。焊完后，应清除焊缝表面的渣壳，并检查焊缝外表质量。

5. 清理现场

练习结束后，必须整理工具和设备，关闭电源，清理场地，做到"工完场清"，并由值日生或指导教师检查，做好记录。

> ☞ **关键技术点拨**
>
> 埋弧焊时须注意以下事项：
>
> 1) 在焊接筒体的外环缝时，其操作位置都比较高，要防止摔伤。焊接筒体或其他形式的焊件时，由于焊件尺寸大、质量大，在吊装过程中，装夹要牢，动作要稳。焊件放置在滚轮架上时，应仔细调节，将焊件的重心调到两个滚轮中心至焊件中心连线夹角允许的范围内。
>
> 2) 应多人联合操作，每次焊接时必须要有 2~3 人同时进行，1 人操纵焊机，1 人添加焊剂，1 人负责清渣（或后两者由同 1 人负责）。操作时，应互相密切配合，并由操纵焊机的焊工指挥。
>
> 3) 尽量安排在室内进行。由于焊件大、笨重、移动不便等，必须在室外进行焊接时，若出现下列情况之一，建议停止焊接：
>
> ①风速大于 1m/s 时。
> ②相对湿度大于 90%时。
> ③下雨或下雪时。
> ④当焊件温度低于 0℃时，建议在始焊处的 10~30cm 范围内先预热至 15~50℃，然后再开始焊接。

四、项目评价与总结

参照评分标准（附录 C）进行检查。由学生自检、互检以及教师（或专职质检员）检查，并填写质量检查记录卡（附录 D）。每天留出部分时间，分小组交流讨论，分享各自的学习成果，共同进步。

第三节　工程实践及应用案例

一、压力水柜对接环缝的双面埋弧焊

1. 产品结构和母材

压力水柜筒体的直径为 1200mm，长为 2120mm，厚为 10mm，水柜容量为 $2m^3$，工作压力为 0.6MPa，母材为低碳钢 Q235，其结构简图如图 5-21 所示。

压力水柜有一条筒体纵缝和两条对接环缝（筒体与封头对接）。对其中一条环缝可以施行双面埋弧焊（另一条环缝由于容器的封闭无法实施双面焊，但可以使用焊条电弧焊封底的埋弧焊）。压力水柜对接环缝双面埋弧焊选用 I 形对接坡口，如图 5-22 所示。

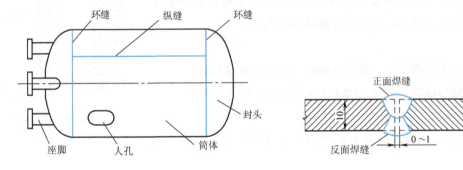

图 5-21　压力水柜结构简图　　图 5-22　压力水柜对接环缝双面埋弧焊 I 形对接坡口

2. 焊接材料

（1）焊条电弧焊材料　焊条 E5015（ϕ4mm）。

（2）埋弧焊材料　焊丝 H08A（ϕ4mm）和焊剂 HJ431。

3. 焊接工艺

1）焊前清理环缝坡口及其两侧 20mm 范围内的水、锈、油等污物。

2）将筒体（纵缝已焊好）竖立在平台上，封头安装在筒体上，用 ϕ4mm 的焊条（E5015）进行定位焊，定位焊缝长度为 50mm，间距为 200mm。

3）将装配好的筒体和封头组件吊上滚轮架，并在一端安装防轴向移动的装置。

4）将埋弧焊机伸入到筒体内接缝处，调整好焊机位置和焊丝位置（偏移距离）。

5）焊内环缝，焊接参数见表 5-7。

6）将埋弧焊机移到筒体外上方，置于外环缝处，并调整好焊丝位置。

7）焊外环缝，焊接参数见表 5-7。焊接电流稍大，以保证两面熔深有 2mm 的交搭。

8）继后装配并焊接另一条环缝（使用焊条电弧焊封底的埋弧焊）。

9）焊后进行压力水柜焊缝外表检验，然后进行液压、气密性试验，试验压力为 0.875MPa。

表 5-7 压力水柜双面埋弧焊焊接参数

板厚/mm	间隙/mm	焊缝	焊接电流/A	焊接电压/V	焊接速度/(m/h)	焊丝偏移距离/mm
10	0~1	内环缝	600~650	33~35	37~38	45
		外环缝	650~700	34~36	34~35	45

二、容器环缝焊条电弧焊封底的埋弧焊

1. 产品结构和母材

一压力容器筒体直径为 2400mm，有两条筒体和封头连接的环缝，一端环缝对接用双面埋弧焊已焊好，另一端环缝由于埋弧焊机无法进入容器内部而选用焊条电弧焊封底的埋弧焊。筒体和封头的厚度均为 46mm，母材为低合金结构钢 Q345R，坡口形式如图 5-23 所示，容器内侧环缝开浅的 V 形坡口并施行焊条电弧焊，容器外侧环缝开 U 形坡口并施行埋弧焊。由于母材的强度等级高、厚度较大，焊前需要预热并保持层间温度。

2. 焊接材料

（1）焊条电弧焊材料　焊条 E6015（ϕ4mm 和 ϕ5mm）。

（2）埋弧焊材料　焊丝 H08A（ϕ4mm）和焊剂 HJ431。

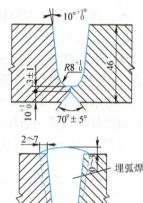

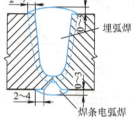

图 5-23　环缝焊条电弧焊封底的埋弧焊坡口及焊缝

3. 焊接工艺

1) 焊前清理环缝坡口及其两侧 20mm 范围内的水、锈、油等污物。

2) 对环缝进行局部加热，加热范围为坡口两侧各 200mm，温度为 150~200℃。

3) 用焊条 E6015（ϕ4mm）在容器外侧进行定位焊，焊接电流为 170~190A。定位焊缝长约 30mm，间距约 150mm。

4) 定位焊后，继续对环缝局部加热，温度保持为 150~200℃。

5) 焊工进入容器，用焊条焊接 V 形坡口内环缝。第一层用 ϕ4mm 焊条，焊接电流为 170~190A；第二层以上用 ϕ5mm 焊条，焊接电流为 200~240A；焊满 V 形坡口后，余高达 0~3mm，层间需清渣。

6) 在容器外用炭弧气刨清根并打磨。

7) 继续对容器环缝加热，温度保持为 150~200℃。

8) 将埋弧焊机置于操作机上，焊接 U 形外环缝。调整好焊丝和坡口的相对位置及焊丝偏移距离后，按表 5-8 中的焊接参数进行埋弧焊。焊第一层时，焊接电流略小，焊后续层时则应增大焊接电流。多层焊焊满坡口，焊缝余高达 0~3mm。

9) 层间需清渣，层间温度为 150~300℃。

10) 焊后立即进行后热处理，在 150~200℃ 保温 2h。

11) 焊后进行射线检测。局部缺陷可由焊条电弧焊修补。

表 5-8 容器环缝焊条电弧焊封底的埋弧焊焊接参数

板厚/mm	坡口	焊接方法	焊接层序	焊条或焊丝直径/mm	电流/A	电压/V	焊丝偏移距离/mm
46	内环缝V形坡口	焊条电弧焊	第一层	4	170~190	—	—
			后续层	5	200~240	—	—
	外环缝U形坡口	埋弧焊	第一层	4	550~570	22~25	50
			后续层	4	600~650	25~30	50

三、工字梁角焊缝船形位置埋弧焊

1. 产品结构和母材

某钢结构中的工字梁，其翼板厚为 16mm，腹板厚为 12mm，梁高为 800mm，梁宽为 600mm。腹板与翼板组成不开坡口的 T 形接头，焊脚尺寸为 10mm。工字梁母材为低合金结构钢 Q355（16Mn 钢）。

2. 焊接材料

（1）**焊条电弧焊材料**　焊条 E5015（ϕ4mm）。

（2）**埋弧焊材料**　焊丝 H10Mn2（ϕ5mm）和焊剂 HJ431。

3. 焊接工艺

1）焊前清理焊缝坡口及其两侧 20mm 范围内的水、锈、油等污物。

2）用焊条 E5015（ϕ4mm）进行装配与定位焊，并在接缝两端焊上 T 形接头引弧板和引出板。

3）将装配与定位焊好的工字梁放置在工字梁船形焊胎架上，如图 5-12 所示。

4）将 MZ-1000 型自动焊机的焊车直接放置在工字梁上，使用其导向滚轮引导焊丝对准坡口中心，并沿接缝线向前焊接。

5）为了使腹板获得较深的熔透深度，焊丝位置可向翼板倾斜，并使电弧稍偏向腹板。

6）按表 5-9 中的焊接参数进行埋弧焊。4 条角焊缝的焊接顺序如图 5-14 所示。两相背的角焊缝的焊接方向应是同方向的。

7）焊后进行外观检验和磁粉检测。

表 5-9 工字梁角焊缝船形位置埋弧焊焊接参数

焊缝位置	焊脚尺寸/mm	焊丝直径/mm	焊接电流/A	电弧电压/V	焊接速度/(m/h)	焊丝伸出长度/mm
船形焊	10	5	725~775	24~36	24~25	35~40

榜样的故事

技艺为国　焊花做证

——大国工匠　电焊"花木兰"中车电焊高级技师　易冉

易冉，党的二十大代表，中车株洲车辆有限公司制造二部电焊班班长，电焊高级技师，被评为全国劳动模范、全国技术能手、湖南省三八红旗手标兵、湖湘工匠。

2000年，18岁的易冉从技校毕业，来到了焊接车间劳动强度最大、工作条件最艰苦的一个班组。"她最大的长处就是苦干"，易冉一天焊30kg焊丝，完成125m的焊缝。凭着苦干和悟性，易冉只用了半个月的时间就从实习到顶岗。紧接着，又仅花了3年完成了旁人在公司需要10年才能实现的金银铜星"三级跳"，成为该奖项设立20年来仅有的3名电焊金星之一。作为一名来自基层的女焊工，易冉在脏、累、热、烫的电焊车间一干就是20多年，参与焊接项目试验100余项次，完成多项技术创新。

党的二十大开幕以来，"制造强国""创新人才培养"等热词始终在易冉的脑海中盘旋。在易冉看来，打造一批具有世界影响力的中国制造名片，需要大国工匠、高技能人才不断把工匠精神融入自己的血液中，不断创新，体现自己的价值。

第六章　组合接头与返修焊接实作

第一节　组合接头电弧焊实作

一、组合接头的定义

这里所描述的组合接头，是指在一个焊接结构的局部位置同时存在两种或两种以上焊接接头形式的组合构件。

二、几组典型组合接头的焊接实作

1. 板-板组合接头的焊接

图 6-1 所示为一工字梁拼接时的接头，在该接头中存在板-板对接和板-板角接两种接头形式。材料为 Q235。

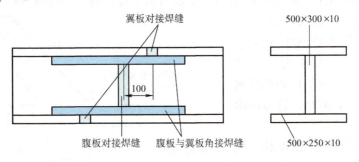

图 6-1　板-板组合接头

（1）**项目分析**　该组合接头焊接时的关键是通过正确选择焊接顺序来减小焊接应力和变形。从减小应力的角度分析，正确的焊接顺序应为先焊翼板对接焊缝，然后焊接腹板对接焊缝，最后焊接腹板与翼板的角接焊缝。从减小焊接变形方面分析，主要是通过反变形或刚性固定法来减小角变形及纵向弯曲变形。

（2）**焊接操作要求**
1）翼板对接焊缝要求采用焊条电弧焊平焊位置焊接。
2）腹板对接焊缝要求采用 CO_2 焊立位向上焊接。
3）腹板与翼板角接焊缝要求采用焊条电弧焊平角焊，或船形位置埋弧焊。

（3）**焊接操作**　翼板对接焊缝的焊接操作参见第二章中的板对接平焊实作；腹板对接焊缝的焊接操作参见第四章中的板对接立焊实作（向上立焊）；腹板与翼板角接焊缝的焊接操作参见第二章中的 T 形接头平角焊实作或第五章中的 T 形接头平角焊实作。

（4）**考核评分标准**　参见附录 C。

2. 管-管组合接头的焊接

图 6-2 所示为管-管拼接结构，在该结构中存在管-管对接和管-管角接两种接头形式的组

合。材料为 Q245R 或 Q235。

（1）项目分析　该组合接头在焊接时，从应力与变形的角度上考虑不存在严格的焊接顺序问题，故先焊哪个接头均可。

（2）焊接操作要求

1）管-管对接焊缝要求采用钨极氩弧焊平位固定全位置焊接。

2）管-管角接焊缝要求采用焊条电弧焊立位焊接。

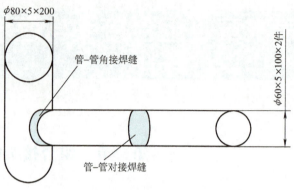

图 6-2　管-管组合接头

（3）焊接操作　管-管对接焊缝的焊接操作参见第三章中的管对接水平固定焊实作；管-管角接焊缝的焊接操作参见第二章中的 T 形接头立角焊实作，焊接时应注意焊条角度的调整。

（4）考核评分标准　参见附录 C。

3. 管-板组合接头的焊接

图 6-3 所示为管-管、管-板拼接结构，在该结构中存在管-管对接和骑座式管-板角接两种接头形式的组合。在管-管对接接头形式中，又分为斜 45°对接和垂直对接两种位置，而在骑座式管-板角接接头形式中，又分为平位和仰位两种位置。（材料：板 Q235，管 Q245R 或 Q235。）

（1）项目分析　对于该结构中的组合接头，焊接时，从应力与变形的角度上考虑不存在严格的焊接顺序问题，但是从焊工的操作条件与方便性来看（比如下一条焊缝焊接时受到前面所焊焊缝的产热而使操作条件变差，影响焊工的操作等），应适当考虑焊接顺序。

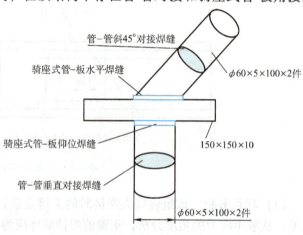

图 6-3　管-管、管-板组合接头

（2）焊接操作要求

1）管-管斜 45°对接焊缝要求采用钨极氩弧焊固定全位置焊接。

2）管-管垂直对接焊缝要求采用钨极氩弧焊垂直固定焊接。

3）骑座式管-板水平焊缝要求采用 CO_2 焊俯位焊接。

4）骑座式管-板仰位焊缝要求采用焊条电弧焊仰角焊接。

（3）焊接操作　管-管斜 45°对接焊缝的焊接操作参见第二章中的管对接 45°倾斜固定焊实作；管-管垂直对接焊缝的焊接操作参见第三章中的管对接垂直固定焊实作；骑座式管-板水平焊缝的焊接操作参见第四章中的骑座式管板垂直俯位焊实作；骑座式管-板仰位焊缝的焊接操作参见第二章中的板对接仰焊实作。

（4）评分标准　参见附录 C。

4. 小型容器组合接头的焊接

图 6-4 所示为一小型压力容器（该图是 2003 年全国工程建设系统焊工技术比赛项目），它由板-板对接接头（5 号对接横焊缝、6 号对接右斜立焊缝、8 号对接平焊缝）、板-板角接接头（4 号焊缝共 4 条、7 号焊缝共 4 条、9 号焊缝共 4 条）、管-管对接接头（11 号焊缝）和管-板角接接头（1 号、2 号、3 号、10 号、12 号焊缝）四种接头形式组成。所有管板接头在装配时均要求管与板的中心线相重合。（材料：板 Q235，管 Q245R 或 Q235）。

(1) 项目分析 该结构尺寸比较小，组合接头形式比较多，焊缝分布比较集中。在装配与焊接时，应认真分析装配与焊接的顺序，以减小焊接应力与变形。

(2) 焊接操作要求

1）1 号、3 号、11 号、12 号焊缝要求采用钨极氩弧焊焊接。

2）2 号、5 号、6 号、9 号、10 号焊缝要求采用焊条电弧焊焊接。

3）4 号、7 号、8 号焊缝要求采用 CO_2 焊焊接。

(3) 焊接操作（略）

(4) 考核评分标准 参见附录 C。

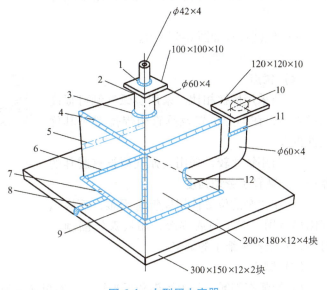

图 6-4 小型压力容器

第二节 焊缝返修实作

一、焊缝返修的意义和条件

1）由于制造过程中影响质量的因素很多，焊接产品存在诸多不可定量的因素，导致焊接接头的性能具有不确定性。焊接产品的焊缝存在缺陷时，在不影响产品的使用和不损坏材料性能的前提下，可以对其进行返修，即将有缺陷的焊缝切开，重新进行焊接。通过返修，可以避免产品或设备因缺陷导致报废而造成的浪费，可以避免因带缺陷继续满负荷运行而引发重大事故所造成的经济损失。焊缝返修对保证产品的制造质量及设备的安全运行有着很大的意义。

2）焊接产品的焊缝表面若存在裂纹、气孔、收弧处大于 0.5mm 深的气孔、深度大于 0.5mm 的咬边等，均应进行返修。返修由考试合格的焊工进行，并采用经过评定验证的焊接工艺。注意同一位置的返修不能超过三次。

二、常见的焊接缺陷

常见的焊接缺陷有裂纹、气孔、夹渣、未熔合、咬边、焊接变形等，详见第一章第六节。

三、焊缝返修的基本步骤

确定缺陷的种类、位置→制订返修工艺→清除焊缝缺陷（炭弧气刨、手工铲磨、机械加工等）→补焊→焊缝检验及后热处理。

四、炭弧气刨的使用

1. 炭弧气刨的概念

炭弧气刨是指使用石磨棒或炭棒与工件间产生的电弧将金属熔化，并用压缩空气将熔化金属吹掉，以实现在金属表面上加工沟槽的方法。

2. 炭弧气刨的过程

炭弧气刨过程如图 6-5 所示。

3. 炭弧气刨的特点

（1）优点

1）与采用风铲相比，采用炭弧气刨可提高效率 4 倍，在仰焊位置及垂直俯焊位置时其优越性更大。

2）与用铲比较，采用炭弧气刨没有震耳的噪声，并减轻了劳动强度。

3）在狭窄的位置使用风铲有困难，而炭弧气刨仍适用。对于封底焊缝，用炭弧气刨刨槽时容易发现各种细小的缺陷。

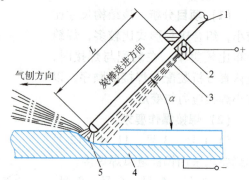

图 6-5 炭弧气刨示意图

1—炭棒 2—气刨钳 3—压缩空气
4—工件 5—炭极电弧

（2）缺点

1）炭弧有烟雾、粉尘污染和弧光辐射，对健康有影响。

2）操作不当时容易引起槽道增碳。

3）目前多采用直流电源，设备费用较高。

4. 炭弧气刨的应用

炭弧气刨这种方法已广泛应用于造船、机械制造、锅炉、压力容器等金属结构制造部门。具体包括以下几方面：

1）双面焊时清理背面焊根。

2）清除焊缝中的缺陷。

3）自动炭弧气刨用来为较长的焊缝和环缝加工坡口；手工炭弧气刨用来为单件、不规则的焊缝加工坡口（如"U"形坡口）。

4）清除铸件的毛边，清除浇冒口和铸件中的缺陷。

5）切割高合金钢、铝、铜及其合金等。

5. 炭弧气刨使用的工具、材料及电源设备

炭弧气刨系统由电源、气刨枪、炭棒、电缆气管和空气压缩机等组成，如图 6-6 所示。

（1）电源 炭弧气刨一般采用具有陡降外特性且动特性较好的手工直流电弧焊机作为电源。由于炭弧气刨一般使用的电流较大，且连续工作时间较长，因此，应选用功率较大的焊

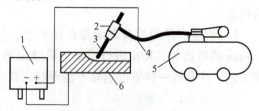

图 6-6 炭弧气刨系统示意图

1—电源 2—气刨枪 3—炭棒 4—电缆气管
5—空气压缩机 6—工件

机。例如，当使用 $\phi 7mm$ 的炭棒时，炭弧气刨电流为350A，故宜选用额定电流为500A的手工直流电弧焊机作为电源。使用工频交流焊接电源进行炭弧气刨时，由于电流过零时间较长会引起电弧不稳定，故在实际生产中一般并不使用。近年来研制成功的交流方波焊接电源，尤其是逆变式交流方波焊接电源的过零时间极短，且动态特性和控制性能优良，可应用于炭弧气刨。

（2）气刨枪 炭弧气刨枪的电极夹头应导电性良好、夹持牢固，外壳的绝缘及绝热性能良好，且更换炭棒方便，压缩空气喷射集中而准确，重量轻和使用方便。炭弧气刨枪就是在焊条电弧焊钳的基础上增加了压缩空气的进气管和喷嘴而制成的。炭弧气刨枪有侧面送气和圆周送气两种类型。

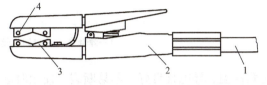

图6-7　侧面送气气刨枪的结构示意图
1—电缆气管　2—气刨枪体
3—喷嘴　4—喷气孔

1）侧面送气气刨枪。侧面送气气刨枪的结构如图6-7所示。侧面送气气刨枪的枪嘴结构如图6-8所示。

侧面送气气刨枪的优点是：结构简单，压缩空气紧贴炭棒喷出，炭棒长度调节方便。缺点是：只能向左或向右单一方向进行气刨。

2）圆周送气气刨枪。圆周送气气刨枪只是枪嘴的结构与侧面送气气刨枪有所不同。圆周送气气刨枪的枪嘴结构如图6-9所示。

圆周送气气刨枪的优点：喷嘴外部与工件绝缘，压缩空气由炭棒四周喷出。炭棒冷却均匀，适合在各个方向操作。缺点：结构比较复杂。

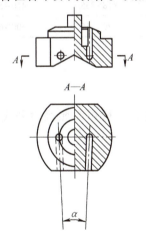

图6-8　侧面送气气刨枪的枪嘴结构示意图

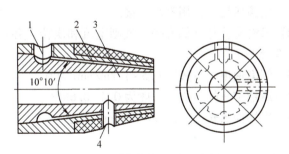

图6-9　圆周送气气刨枪的枪嘴结构示意图
1—电缆气管的螺孔　2—气道
3—炭棒孔　4—紧固炭棒的螺孔

（3）电缆气管　一般炭弧气刨枪上部需连接电源导线和压缩空气橡皮管。为了使压缩空气能冷却发热的导线，同时便于操作，可以采用电风合一的软管，这样不但解决了导线在大电流时的发热问题，而且使导线的截面减小。软管结构如图6-10所示。这种电风合一的气刨枪软管具有重量轻、使用方便、节省材料等优点。

（4）炭棒　炭棒是由炭、石墨加上适当的黏合剂，通过挤压成形、焙烤后镀一层铜而制成的。炭棒主要分为圆炭棒、扁炭棒和半圆炭棒三种，其中圆炭棒最常用。对炭棒的要求

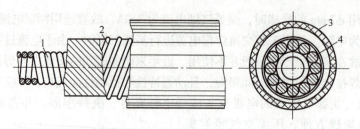

图 6-10 电风合一的软管结构
1—弹簧管 2—外附钢丝 3—胶管 4—多股导线

是耐高温、导电性良好、不易断裂、使用时散发的烟雾及粉尘少。炭弧气刨的炭棒规格及适用电流见表 6-1。

表 6-1 炭弧气刨的炭棒规格及适用电流

断面形状	规格/mm×mm	适用电流/A	断面形状	规格/mm×mm	适用电流/A
圆形	φ3×355（长度）	150～180	扁形	3×12×355（长度）	200～300
	φ4×355	150～200		4×8×355	180～270
	φ5×355	150～250		4×12×355	200～400
	φ6×355	180～300		5×10×355	300～400
	φ7×355	200～350		5×12×355	350～450
	φ8×355	250～400		5×15×355	400～500
	φ9×355	350～450		5×18×355	450～550
	φ10×355	350～500		5×20×355	500～600

6. 炭弧气刨的工艺条件

（1）**电源极性** 采用直流反接。

（2）**气刨电流与炭棒直径** 气刨电流和炭棒直径成正比，一般可参照经验公式选择电流 $I=(30\sim50)d$。

（3）**刨削速度** 一般以 0.5～1.2m/min 为宜。

（4）**压缩空气的压力** 一般为 0.4～0.6MPa。

（5）**炭棒伸出长度** 以 80～100mm 为宜。

7. 炭弧气刨的安全技术

1）遵守常规的焊工安全操作规程。

2）露天作业时，尽可能顺着风操作，防止吹出的熔渣烧伤周围其他作业人员，并做好现场安全防火工作。

3）在容器内操作时，必须有通风、排烟措施。

4）气刨电流较大时，连续使用应防止焊机过载发热。

5）炭弧气刨产生的粉尘、烟雾对人体有较大的危害，操作时最好戴特制的防护口罩。

8. 炭弧气刨操作过程

根据炭棒直径选择并调节好电流，使气刨枪夹紧炭棒并调节炭棒的伸出长度为 80～100mm。打开气阀并调节好压缩空气流量，使气刨枪气口和炭棒对准待刨部位。

采用直击法引弧，电弧引燃后，电弧长度保持为1~2mm，炭棒与工件的夹角为25°~45°，倾角增加时，刨槽的深度也增加。开始刨削时，速度要慢一些，使钢板较好地熔化，当钢板熔化而被压缩空气吹走时，可适当加快刨削速度（0.5~1.2m/min）。在刨削过程中，炭棒不应横向摆动和前后往复移动，只能沿刨削方向做直线运动。

刨削过程中要及时调整炭棒的伸出长度，以免烧损炭弧气刨枪。调整炭棒伸出长度时，不能停止送风，以便于炭棒冷却。刨削完成后，先断弧再停止送风，最后用清渣锤、钢丝刷对刨削部分进行清理。

炭弧气刨操作

☞ **关键技术点拨**

1) 开始刨削时，炭棒与工件的夹角要小，逐渐将夹角增大到所需的角度。在刨削过程中，弧长、刨削速度和夹角三者适当配合时，能听到均匀清脆的嘶嘶声，刨削出来的刨槽表面才光滑明亮。

2) 垂直位置刨削时，应由上向下操作，这样重力的作用有利于除去熔化金属；平位置刨削时，既可从左向右，也可从右向左操作；仰位置刨削时，熔化金属由于重力的作用很容易落下，这时应注意防止熔化金属烫伤操作人员。

9. 常见缺陷及排除措施

(1) 夹碳 刨削速度和炭棒的送进速度不稳时，易造成短路熄弧，使炭棒粘在未熔化的金属上，从而产生夹碳缺陷。夹碳缺陷处会形成一层含碳量高达6.7%（质量分数）的硬脆的碳化铁。若夹碳残存在坡口中，则焊后易产生气孔和裂纹。

排除措施：夹碳主要是因操作不熟练而造成的，因此应提高操作技术水平。在操作过程中要细心观察，及时调整刨削速度和炭棒的送进速度。发生夹碳后，可用砂轮、风铲或重新用气刨将夹碳部分清除干净。

(2) 粘渣 炭弧气刨吹出的物质俗称为渣，它实质上主要是氧化铁和碳化铁等化合物，易粘在刨槽的两侧而形成粘渣，焊接时容易形成气孔。

排除措施：粘渣的主要原因是压缩空气压力偏小。发生粘渣后，可用钢丝刷、砂轮或风铲等工具将其清除。

(3) 铜斑 炭棒表面的铜皮成块剥落、熔化后，集中熔敷到刨槽表面某处而形成铜斑。焊接时，该部位焊缝金属的含铜量可能增加很多，从而引起热裂纹。

排除措施：炭棒镀铜的质量不好、电流过大都会造成铜皮成块剥落而形成铜斑，因此，应选用质量好的炭棒和选择合适的电流。发生铜斑后，可用钢丝刷、砂轮或重新用气刨将铜斑消除干净。

(4) 刨槽尺寸和形状不规则 在炭弧气刨操作过程中，有时会产生刨槽不正、深浅不匀，甚至刨偏的缺陷。

排除措施：产生以上缺陷的主要原因是操作技术不熟练。因此，应从以下几个方面改善操作技术：①保持刨削速度和炭棒的送进速度稳定；②在刨削过程中，炭棒的空间位置，尤其是炭棒的夹角，应合理且保持稳定；③刨削时应集中注意力，使炭棒对准预定的刨削路径。在清焊根时，应将炭棒对准装配间隙。

五、铸件返修工艺

焊条电弧焊补焊铸件的方法有冷焊法、热焊法和半热焊法三种。补焊方法要根据铸件的具体形状、尺寸、大小、缺陷类型、缺陷位置及焊后要求来选择。一般采用冷焊及热焊法的情况较多，半热焊法通常用于缺陷较集中的大件。

1. 电弧冷焊法工艺

焊前不预热或预热温度不超过300℃的焊接方法称为冷焊法。

(1) 焊前准备　焊前将铸件缺陷周围的型砂、油污等清除干净，直至露出金属光泽。补焊裂纹时，须在裂纹两端钻止裂孔。

用铲、砂轮或气刨等方法将缺陷处加工成合适形状的坡口。

(2) 补焊焊接参数　补焊铸件时，为了减小补焊区与整体之间的温差，防止热应力过大而产生裂纹，要选用小的焊接参数。铸件补焊冷焊法的焊接参数见表6-2。深坡口补焊时，要采用多层焊。

表6-2　铸件补焊冷焊法的焊接参数

焊条牌号	焊条直径/mm	焊接电流/A	电源极性	备注
Z116	3.2	98~105	直流反接	高强度灰铸铁件及球墨铸铁件的补焊
Z117	4	120~125		
Z308	4	115~125	交流或直流反接	重要灰铸铁薄壁件和加工面的补焊
	3.2	90~100		
Z612	4	120~130	交流或直流反接	一般灰铸铁件非加工面的补焊
	3.2	95~100		

(3) 冷焊法操作要领　冷焊法补焊宜采用分段退焊法和分散焊法，每段焊缝长为10~15mm。每段焊缝焊完后要等到完全冷却，才能焊下一段。补焊时，要尽量压低电弧，焊速稍快，焊条不摆动。其操作要领是：细焊条、小电流、浅熔深、短段、断续、退步焊，每段应锤击以消除应力等。

2. 电弧热焊法工艺

焊前将铸件预热至650~700℃，并在400℃以上进行焊接，焊后在650~700℃保温，然后缓慢冷却，这种补焊法称为热焊法。

(1) 焊前准备

1) 补焊前将铸件缺陷部位清理干净，直至露出金属光泽。

2) 根据缺陷的性质，用钻孔、錾挖等方法将缺陷处修制成必要的坡口。为保证焊后的几何形状，不使熔融金属外流，可在铸件待补焊处简单造型。

3) 小尺寸铸件可以采用整体预热，大铸件可以采用局部预热。

(2) 补焊操作

1) 热焊时采用铸铁芯焊条（Z248），要用大电流（焊接电流是焊条直径的40~50倍）焊接。

2) 焊接时最好选用平焊位置，要始终保持工件的温度不低于400~500℃。

3) 焊接过程中可根据坡口的大小采用锯齿形、圆圈形和直线形运条法。

4) 每条焊缝应一次焊完，不可断续。

5) 不要在有风的地方进行焊接。

6) 焊后焊件要用石棉网盖上或在炉中随炉缓冷。

六、产品返修的工艺制订

正确的返修工艺是返修工作顺利实施、取得成功的保证,并作为该产品今后运行和检查的重要历史资料保存。

返修工艺的编制根据实际情况可繁可简,但基本上包括以下几方面的内容:

(1) 产品的基本情况 即以产品类型、运行历史、材料种类、工况参数作为分析的基础。

(2) 缺陷状况 即说明缺陷的种类、性质、大小、位置及严重程度等。

(3) 分析原因 即分析缺陷产生的原因。这点对于确保返修成功是非常重要的一环。

(4) 返修方案 科学合理的返修方案是返修工作中的重要指导性文件,其具体内容包括:

1) 缺陷的消除方法及坡口的加工。

2) 返修区域缺陷清除后的复验方法及要求。

3) 返修焊补工艺。内容包括采用的设备、焊接材料;返修的焊接方法及工艺;预热和后热及层间温度;焊后热处理方法和焊后热处理规范;补焊次数和补焊规范等。

4) 焊后检验方法的确定与检验方案的实施。包括合格验收标准的确定和补焊后的验收等。

(5) 切实可靠的安全防护措施

☞ 关键技术点拨

铸件补焊的关键是采取一切手段减小焊接应力、防止裂纹。铸件材料通常较脆硬、塑性差,且铸件一般都较厚重,刚性大,补焊往往限于局部,使其四周非焊区对补焊区的约束更大,极易开裂。冷焊法是为了缩小焊接区与非焊区的温差,减小应力;热焊法也同样是为了缩小温差,减小应力,从而预防开裂。

注意:冷焊法焊接时,每一小段焊完后,一定要及时用圆头锤锤击焊缝,使焊缝金属在冷却过程中沿平面延展,弥补焊后的收缩。热焊结束后,一定要采取保温措施,使焊缝缓慢冷却,这样有利于应力释放、氢的逸出和组织转变,从而达到防裂的目的。

第三节 工程实践及应用案例

一、组合焊接接头的焊接——水电站定子机座焊接工艺设计与制造

1. 产品介绍

本产品选自校企合作项目——白鹤滩水电站定子机座模拟件的焊接工艺设计与制造,在原产品的基础上进行了教学适应性优化。该产品为典型的T形接头多位置焊接。图6-11所示为定子机座的总装图。

整个机座由6瓣组成,主要包括上环板、下环板、盒形筋和立筋。机座的材质是Q235B低碳钢,板厚有10mm、8mm两种类型,焊接接头类型主要为T形接头,焊接位置有三种,分别是下环板与筋板(盒形筋与立筋)的平角焊、盒形筋与立筋的立角焊,上环板与筋板的仰角焊。

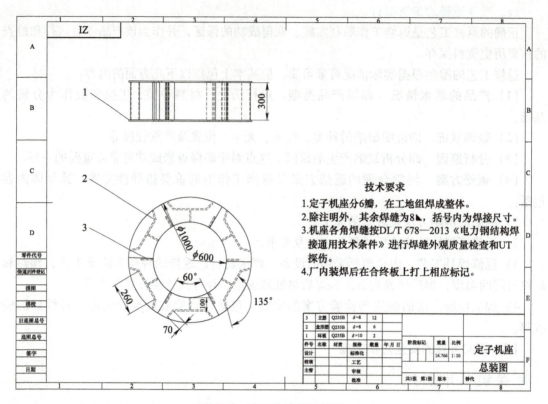

图 6-11 定子机座的总装图

2. 下环板与筋板的平角焊

下环板与盒形筋、立筋之间的接头形式是典型的 T 形接头，焊接位置是平角焊，如图 6-12 所示。盒形筋和立筋的材料都是 Q235B，属于低碳钢焊接，采用焊条电弧焊，焊条选择依据等强度原则，同时考虑机座需要承受力的作用，所以选用性能较好的碱性焊条 E4315。操作要点为运条和收弧。

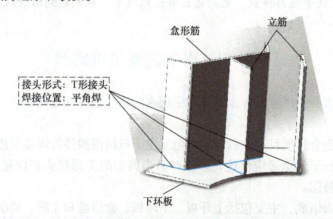

图 6-12 下环板与盒形筋、立筋之间的接头形式和焊接位置示意图

（1）运条 下环板与筋板焊接时，先是在定位焊点处引燃电弧，然后采用直线运条方

式，从左往右进行连弧焊接。焊接过程中，要注意运条时焊条两个方向的角度：一是焊条与下环板、筋板的夹角都要尽量控制在45°左右，以防止产生咬边；二是焊条与焊接方向的夹角保持为65°~80°，以防止产生夹渣，如图6-13所示。

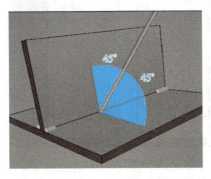
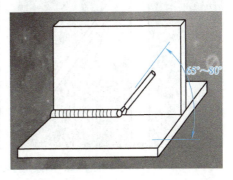

图6-13　焊条角度示意图（平角焊）

（2）收弧　焊缝收尾处往往有弧坑，最常用的解决方法就是灭弧收尾法。灭弧收尾法最核心的问题就是对熔池温度的判断，如果熔池温度很高时就开始灭弧收尾，那么产生的电弧就会将液态金属吹开，形成新的弧坑，不管灭弧多少次，收尾位置还是个"坑"。要点是灭弧后注意观察熔池颜色的变化，当熔池由亮黄色变为暗红色的瞬间，在弧坑部位再次引燃电弧，这时弧坑部位的温度较低，产生的液态金属不会被电弧吹开，这样反复2~3次，就能填满弧坑。

3. 盒形筋与立筋的立角焊

盒形筋与立筋之间的接头形式是典型的T形接头，焊接位置是立角焊，如图6-14所示。盒形筋和立筋的材料都是Q235B，属于低碳钢焊接，采用焊条电弧焊，焊条选择依据等强度原则，选用性能较好的碱性焊条E4315。操作要点为运条和接头。

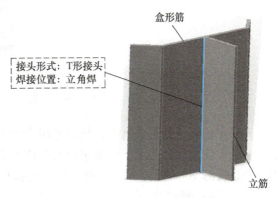

图6-14　盒形筋、立筋之间的接头形式和焊接位置示意图

（1）运条　采用三角形运条方式，按照空间三角形的轨迹逐步上升，从下往上进行连弧焊接。运条的时候，要同时控制好焊条两个方向的角度：一是焊条与左、右两侧筋板的夹角都要尽量控制在45°左右，以防止产生咬边；二是焊条与焊接反方向的夹角保持为60°~70°，以防止产生焊瘤，如图6-15所示。

（2）接头　用一根焊条往往不可能焊完整条焊缝，焊接过程中需要经常更换焊条，这就必然涉及到接头。首先从弧坑前方10mm的地方引燃电弧，随后将电弧拉到弧坑处，迅速压低电弧，当熔池边缘与弧坑边缘刚好熔合时，则接头已完成，然后转入正常焊接，这样的接头就比较平整。

4. 上环板与筋板的仰角焊

上环板与盒形筋、立筋之间的接头形式是典型的T形接头，焊接位置是仰角焊，如

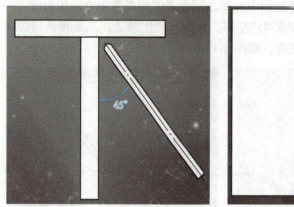
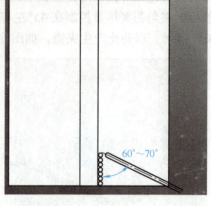

图 6-15 焊条角度示意图（立角焊）

图 6-16 所示。盒形筋和立筋的材料都是 Q235B，属于低碳钢焊接，采用焊条电弧焊，焊条选择依据等强度原则，选用性能较好的碱性焊条 E4315。操作要点为运条。

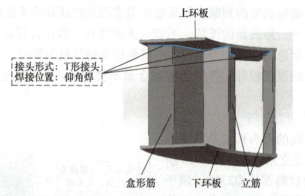

图 6-16 上环板与盒形筋、立筋之间的接头形式和焊接位置示意图

先在定位焊点处引燃电弧，然后采用直线运条方式，从左往右进行连弧焊接。焊接过程中，一是要注意焊条与上下两侧钢板的夹角都要尽量控制在 45°左右，二是焊条与焊接方向的夹角保持为 70°~80°，同时焊接的速度要保持均匀，如图 6-17 所示。

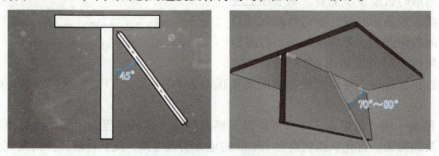

图 6-17 焊条角度示意图（仰角焊）

二、铸铁冷焊栽丝加固法的操作技巧

某厂两台 $2m^3$ 水煤气发生炉底盘的灰渣、水混合仓（材料为 HT150 灰铸铁），由于长期

处于恶劣工作环境下（煤炭燃烧基本完成形成灰渣后迅速加水产生煤气），经过像淬火似的淬硬经历，材料变质，并在混合仓自来水进口处炸开裂纹，每台炉的裂纹长度为2m左右，壁厚为20~50mm。该厂曾多次请人焊接修复和机械加固，但都因有煤气泄漏的危险，不能达到厂家要求。

1. 焊前准备

（1）**栽螺钉** 将原焊缝全部铲除和打磨，铲磨至没有焊接缺陷。每间隔40mm攻深10mm螺纹孔，栽M10×20mm螺钉6~7个。焊完后，螺钉埋在焊缝内部，就像在铸铁里埋入多个钢柱，使大面积焊缝通过每个螺钉与母材牢固抓住，不易剥离；同时与外部钢焊缝相结合，将铸铁变成钢的组织，强度大大提高，如图6-18所示。

（2）**开坡口** 用铲、磨、钻、电弧切割或其他方法开"U"形坡口，坡口尽量窄而深，宽度最好不超过25mm。对于薄壁铸铁件，宽度≤10mm，其加固方法是在坡口两侧上部的斜面上，每间隔20mm钻一个直径为6mm、深5~6mm的浅孔，用φ2mm焊条将浅孔焊满，等于在铸件上埋入一个M6的螺钉。

（3）**开加强槽、栽螺钉** 坡口垂直方向每间隔80mm开一加强槽，能埋入一对M10~M16、长80mm左右的螺钉，如图6-19所示。

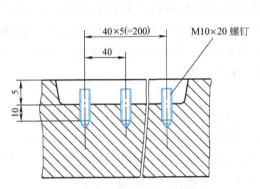

图6-18 螺钉栽入示意图

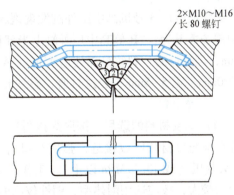

图6-19 加强槽及长螺钉栽入示意图

每对螺钉搭接焊后，起到拉紧裂纹、增加焊接强度的作用。铸铁的焊接加固是必需的，如果没有加固，接头强度一般只能达到母材强度的70%左右，所以，要根据各种情况巧妙、灵活地采用各种机械加固方法，以保证焊件的使用性能。加固方法有栽螺钉、钻浅孔、埋钢筋、冷热镶加强板、热镶半圆头组合键等。

（4）**焊条选择** 只有焊后需机械加工的工件，才用Z308等镍基铸铁焊条，其他铸件可采用J427（J426、J507、J506），若条件允许，也可用不锈钢焊条。因碱性低氢型焊条容易获得找到，且与铸铁熔合性好，尤其是那些组织粗大或长期在高温下工作的变质铸铁，仍具有较好的熔合性。与镍基铸铁焊条相比，碱性低氢型焊条价格便宜，成本大大降低，其抗裂性比酸性焊条也强很多。铸铁本身强度很低，所以J427就不选J507，更不选J422焊条。

（5）**加热保温** 以上工作完成后，支架好2~3个1500W的电炉，通电加温，用石棉布将底盘包起来保温，将主要件升温60~80℃，并在此温度下进行焊接。

2. 焊接

（1）**打底焊** 用φ2mm（φ2.5mm）焊条进行打底焊。每根焊条分2~3次焊完。每段焊完后立即锤击焊缝（用尖锤或风冲，锤击焊缝在铸铁焊接中也是必需的）。采用较小直径的焊条、较小的焊接电流、回火焊法，可使熔深浅，白口薄，焊接应力小，产生裂纹的可能性就很小；再用合适的锤击工具，适当用力，迅速锤击，使焊缝上产生很多麻点，焊接应力就更小，因此可有效地防止裂纹的产生。

（2）凹陷处的堆焊 先用 $\phi 2mm$ 焊条将所栽螺钉的根部焊满一圈，然后迅速锤击，然后再用 $\phi 2mm$ 或 $\phi 3.2mm$ 焊条分散、分段堆焊。注意不要用大电流焊接，导致螺钉过烧。

（3）加强槽栽螺钉的焊接 将一对 M10～M16 的螺钉拧死在螺孔内一动不动，然后用 $\phi 2mm$ 焊条将螺钉与基体铸铁焊上半圈，用氧乙炔焰将螺钉根部加热到 800～900℃，再将螺钉打弯，然后将一对螺钉搭接焊牢，最后用 $\phi 3.2mm$ 焊条将槽填平。

3. 焊后检查

焊后用角向砂轮机打磨所有焊缝，并用肉眼检查。若发现有个别气孔，将其打磨下几毫米深，用 $\phi 2mm$ 焊条修补，再交付使用，以满足使用要求。用此方法不卸底盘焊接，大大缩短了补焊周期，减少了经济损失，解决了该厂困惑很久的技术难题。该方法所用设备简单，操作方便，可全位置焊接，是一种很有发展前途、易于推广的工艺方法。

三、高中压外缸裂纹修复

某大型电厂 3 号机高中压外缸发现裂纹，高中压外缸缸体材质为 ZG15Cr2Mo1。电厂反映的现场情况为："B 侧高中压外缸上半部检查，发现裂纹（不规整）长约 400mm，宽 30～40mm，经过打磨，裂纹最深处达 45mm。A 侧高中压外缸上半部检查，发现裂纹（规整）长约 300mm，宽 5～8mm，经过打磨，裂纹最深处达 4～5mm。"

1. 焊前准备

（1）焊接材料的选用 按照焊接材料一般选用原则，所选用焊接材料的熔敷金属的化学成分应与母材相同或接近，强度与母材相当。考虑到高中压外缸在工作时承受 535℃ 和 130 大气压（或 13.17MPa 以上），工作环境恶劣，裂纹深度大，修补位置板厚较大，产生的应力较大，故应选用耐热型、塑性较高的 ENiCrFe-3 镍基合金低氢型焊条。

（2）裂纹的去除 裂纹的去除是裂纹修补成功的基础，如果裂纹去除不干净，留下隐患，将会导致继续再裂。由于 ZG15Cr2Mo1 的淬硬倾向大，一般不使用大功率的炭弧气刨直接清除裂纹。浅表层裂纹可用角向砂轮机进行打磨清除，非浅表裂纹（裂纹深度较大）则需要进行整体或局部预热后，再进行炭弧气刨清理。高中压外缸出现的裂纹采用角向砂轮机清理。

（3）坡口的设计 补焊焊缝的坡口尺寸设计应合理，否则会影响修补的质量。坡口过大时，焊缝的填充金属增加，热输入量增大，导致焊缝热影响区扩大，降低母材使用性能。坡口尺寸过小时，电流过小，不能保证焊缝与母材的充分熔化，影响焊接操作，易产生熔化不良或坡口未熔等缺陷。为了能有效地控制焊接应力和变形，减少焊接工作量，节约工期，将坡口形式设计为 U 形，根部 $R>20mm$，坡口内部圆滑过渡，应无尖角槽或棱角，坡口角度为 20°左右，坡口深度应以使裂纹全部清除为准。裂纹深度及坡口形式如图 6-20、图 6-21 所示。

最后采用渗透检测检查待焊接区域，以确保缺陷已去除干净，保证坡口中无裂纹存在。同时将坡口周围 30mm 范围内打磨至露出金属光泽。

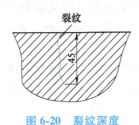

图 6-20　裂纹深度

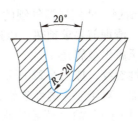

图 6-21　坡口形式

（4）**焊前清理**　先用钢丝刷清除坡口内部及附近的污物和锈迹，再用酒精或丙酮清洁焊补区及周围区域至少 200mm 的范围，去除油、脂、油漆等杂质。清洁的范围应足够大，避免焊接时有污染物流进焊缝，影响焊缝质量。焊前应做好对周围母材的保护工作，以免电弧灼伤周围母材。

（5）**焊条准备**　焊接材料采用 ENiCrFe-3 型焊条，规格为 $\phi 2.5mm$ 和 $\phi 3.2mm$，焊接前进行 150℃、1~2h 烘干，现场焊接时将焊条放入保温筒内，随用随取。

（6）**焊前预热**　焊前预热应大于 200℃，预热应均匀，测温位置距焊补区不少于 75mm。边预热边用点温仪进行测量，预热后对待焊部位进行保温。

2. 补焊

为了减少热输入量，减小热影响区，避免产生裂纹，在补焊时采用小规范逐层逐道焊接。首先使用 $\phi 2.5mm$ 焊条在焊缝根部焊接 1 层，焊接电流为 70~80A，然后采用 $\phi 3.2mm$ 焊条焊接，焊接电流为 90~100A。焊接时使用短焊道，分段跳焊，焊接长度不超过 30mm，焊后立刻锤击焊道。焊接过程中，层间温度不得超过 260℃，各层间仔细清渣，自检每层焊缝表面质量，不允许有气孔、夹渣、裂缝（弧坑裂缝）、未熔合等缺陷，一旦发现缺陷，打磨去除后才能继续焊接。为了防止裂纹，有效消除焊接应力，在焊接过程中除打底层和盖面层外均要求进行锤击，锤击覆盖率不得低于 75%。焊满焊补区后，焊缝高度不得低于母材，并留有足够的修整余量。

3. 焊后热处理

补焊后立即进行焊后热处理。用天然气火焰加热到 400~450℃，保温 2h 去氢处理。然后用石棉布包覆，缓慢冷却至室温。

4. 焊后检查结果

修补缓冷至室温后，对焊缝表面进行打磨处理，表面应相对光滑，然后对焊接区域进行渗透检测，未发现任何线性缺陷存在后修整焊补区域，焊补区域的表面质量和尺寸应满足图样要求。

四、某电站水轮机组转轮叶片裂纹修复

某电站厂 1 号机组改造增容后于 2005 年 1 月 29 日投产发电，2007 年 3 月检修时首次发现转轮裂纹。转轮材质为 ZG06Cr16Ni5Mo，通过着色检测（PT）及超声检测（UT），发现转轮各叶片在出水边处存在裂纹。

1. 焊前准备

（1）**止裂**　根据检测结果，在裂纹的端点并按其走向延长 10mm 处钻 $\phi 10~\phi 12mm$ 通孔。有的因空间限制，不能钻孔，则用炭弧气刨清除，在距裂纹最前端约 15mm 处，开始清除缺陷。

(2)裂纹清理 使用炭弧气刨的方法清理裂纹,裂纹清理时应从距开裂处约10mm的地方反向进行,清理前要求预热,以避免裂纹扩展。打磨炭弧气刨表面,去除炭弧气刨产生的渗碳层,直至露出金属光泽。

对于穿透性裂纹,按图6-22所示清理裂纹,并预制焊接坡口,根据现场的可操作性确定先清理哪一面。对于非穿透性裂纹,参照图6-21清理裂纹至全部裂纹清理干净,并预制焊接坡口。通过PT或MT(磁粉检测),确认裂纹是否清理干净。

2. 补焊

(1)焊接材料选择 按照焊接材料一般选用原则,所选用焊接材料的熔敷金属的化学成分应与母材相同或接近,强度与母材相当。选用G367M/(ϕ3.2~ϕ4.0mm)马氏体不锈钢现场焊接的专用焊条进行补焊。使用前烘干(300℃×2h),并且装在焊条保温桶内进行100℃保温,随用随取,短弧操作。G367M焊条的熔敷金属的金相组织中含有一定量的奥氏体组织,在焊态时仍然具有较高的力学性能和良好的塑性指标,而且只需较低的预热温度和后热温度,可不进行焊后热处理工序。

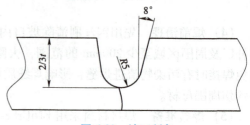

图6-22 坡口制备

(2)焊接参数 采用ϕ3.2mm焊条时,焊接电流为80~110A;采用ϕ4.0mm焊条时,焊接电流为110~160A;焊前预热温度为80~100℃;层间温度为240℃;后热温度为250℃,后热时间为2h。

(3)施焊 对于穿透性裂纹的焊接,在焊接正面坡口时,采用多层多道焊,如图6-23所示。焊道按图6-24所示顺序焊接,先焊两边,再焊中间。

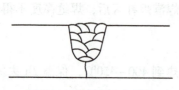

图6-23 正面多层多道焊

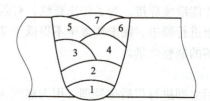

图6-24 正(背)面焊接顺序

背面清根时,采用炭弧气刨,并打磨渗碳层。清根后需。对清根表面进行PT或MT无损检测,确认裂纹是否清理干净。焊接背面坡口时,要求多层多道焊,如图6-25、图6-26所示。

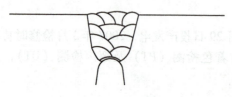

图6-25 背面清根

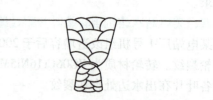

图6-26 背面多层多道焊

裂纹修补好后再修补沟、槽、坑等缺陷。使用炭弧气刨加打磨的方法清理缺陷,按裂纹修补的焊接要求进行补焊。

3. 焊缝表面的修磨

对焊缝表面进行修磨，要求焊缝表面与母材齐平，表面粗糙度不低于原表面。局部凹陷部位进行补焊、打磨。对补焊部位进行 UT+PT 或 MT 无损检测。

打磨吹刨裂纹处，并配合无损检测检查裂纹是否清理干净。在补焊完成后，打磨焊缝及补焊区域，检查焊缝是否合格（超声和磁粉或着色检测）。焊缝检测合格后清理焊渣、飞溅等，打磨焊缝与周围叶片表面或上冠表面光滑过渡。

榜样的故事

一个普通电焊工的成长之路
——第十六届中华技能大奖获得者　高级技师　樊志勤

1998 年，19 岁的樊志勤从太重技校焊接专业毕业，分配到了太重焊接分厂。工作之余，师傅向他讲述厂里的焊工劳模刻苦习艺、无私奉献的经历。他暗下决心，自己也要学好焊接技术，做一名受人尊敬的电焊工。白天在车间，樊志勤虚心向师傅请教焊接要领，认真观察师傅焊接时的操作手法：焊枪的角度、摆动的幅度、移动的速度……一有空，他就拿着焊枪，在废钢板上练习焊接技术，一练就好几个小时，晚上回到家，他又找来焊工技术方面的书籍认真学习。为了保证焊接时下身的稳定性，他在家里练习蹲功——下蹲后，双腿保持不动。同时，右手拿一个盛满水的杯子，模仿焊接时拿焊枪的动作匀速移动，不让杯子里的水洒出来，以此练习焊接时的手感。一年后，太重为一家国外公司生产一批焊接结构件产品，质量要求近乎苛刻：焊接焊缝平整圆滑，高低误差不能超过 1mm；表面不能出现任何可见气孔和焊渣。经过层层选拔，樊志勤脱颖而出，成为承担该批产品焊接任务中最年轻的主力焊工。他认真细致地焊接每一道焊缝，产品一次合格率达到 99% 以上，这家外国公司的监理满意地竖起了大拇指。

凭着高超的焊接操作技能，樊志勤多次参加省、市技能大赛，并取得优异的成绩。2005 年获得太重集团技术比武第一名，并被授予太重"技术明星"的称号；2006 年在太原市职工技能大赛中，取得焊工比赛第一名，并获太原市"技术状元"，荣记一等功；同年他代表太原市参加山西省职工职业技能大赛，取得焊工比赛第三名，团体第一名的优异成绩，被山西省授予"五一劳动奖章"和"三晋技术能手"等荣誉称号。2006 年他破格晋升为技师；2007 年晋升为高级技师，成为太重集团当时最年轻的高级技师；2007 他还获得了国际焊接技师的证书；在公司他多次被评为"先进生产工作者"。2014 年获"全国技术能手"称号，2016 年起享受"国务院特殊津贴"，2017 年被授予全国"五一劳动奖章""全国百姓学习之星"称号，获得"山西省质量提名奖"。2022 年获得第十六届中华技能大奖。他被省、市、集团公司评为工匠精神的代表人物，成为青年职工学技术、岗位成才的楷模和学习的榜样，激励着广大青年职工学技术的热情。

最后一个点拨

当你在操作技术上停滞不前,且解决实际问题的能力亟待提高时,建议你:

1. 向书本学习

通过多种途径学习基础理论知识(包括公共基础理论知识、专业基础理论知识和专业理论知识)。理论知识不够,技能人才难以做到高端。

2. 向他人学习

虚心是一种品格,在与人沟通和交流的过程中,容易产生思想火花和新的解决方案。在向别人学习的过程中,也要保持一种开放、宽广的心胸,勇于阐述自己的思想和观点,相互启发。如果大家都保守封闭,大家都将是低水平。只有我们大家都是高水平了,我们的国家和民族才能更加强大!

3. 向自己学习

即在实践中,向自己的经验教训学习。要勇于迎接挑战、直面困难和矛盾。没有难题,就不会有创新。只有将导致某个问题的关键原因找准后,才会产生出创新的解决思路。因此,创新的过程就是解决矛盾和困难的过程。

附 录

附录 A 焊缝分析表

姓名		学号		班级		填写日期	
工 件 概 况							
名称		材料		坡口形式		焊接位置	
1. 确定工序，画出工序流程图							
2. 装配工艺分析（装配要求、参数、反变形、定位焊要求等）							
3. 焊接参数选择							
备注							

附录 B 装-焊工艺卡

(施工单位)	装-焊工艺卡	工件名称		零（部）件图号		共　页
		学生姓名		材　料		第　页

工步图：

工序号	工　序　内　容	设备	工艺装备	电压	电流	焊条、焊丝、电极		焊剂	其他规范	工时
						型号	直径			

附录 C 外观质量检测内容和评分标准

一、角焊缝外观检测评分标准（表 C-1）

表 C-1 角焊缝外观检测评分标准

缺陷名称及考核项目	允许程度	分值	得分标准
裂纹	不允许	10	无裂纹：10 分 有裂纹：0 分
表面单个气孔	气孔直径 $d≤0.3s$，且最大为 3mm	2	无缺陷：2 分 1 个气孔：1 分 1 个气孔以上或气孔直径超过标准尺寸：0 分
弧坑未焊满	$h≤0.2a$，且最大为 2mm	10	饱满平整：10 分 未填满（低于允许程度）：0 分
未熔合	不允许	15	无未熔合：15 分 有未熔合：0 分
咬边	缺陷深度 $h≤0.5$mm	10	总长≤5mm：10 分 缺陷总长≤10mm：5 分 缺陷总长>10mm 或深度超过允许值：0 分
焊缝凸度	$h≤1$mm$+0.25a$，且最大为 5mm	5	$h≤2$mm：5 分 $h≤3$mm：3 分 $h≤5$mm：2 分 $h>5$mm：0 分
焊缝高低差	≤2mm	3	高低差≤1mm：3 分 高低差≤2mm：1 分 高低差>2mm：0 分
表面成形	—	10	成形好（光滑）：10 分 成形一般：5 分 成形差：0 分
夹渣	$h≤0.4s$，且最大为 4mm	10	无夹渣：10 分 缺陷总长≤10mm：5 分 缺陷总长>10mm 或超过允许程度：0 分
角变形	$θ≤3°$	5	$0°≤θ<1°$：5 分 $1°≤θ<3°$：2 分 $θ>3°$：0 分
角焊缝不对称	$h≤0.2z$，且最大为 2mm	5	在允许程度范围内：5 分 超过允许程度：0 分
角焊缝厚度不足	$h≤0.3$mm$+0.1a$，且最大为 2mm	5	$h≤1$mm：5 分 $h≤2$mm：2 分 超过允许程度：0 分
安全文明	得分：10 分	10	焊后清理、着装、场地清理等，严重违反安全规则，考核成绩记 0 分
考试用时	考试用时超时	—	每超 1min 从总分中扣 2 分
合计	—	100	—

注：1. 60 分为合格，100 分为满分。
2. 凡有以下情况视作不合格：①焊缝原始表面破坏；②操作时任意更改试件焊接位置；③焊接时间超出规定 15min；④违规操作。
3. s—熔深；a—角焊缝厚度；z—焊脚尺寸；h—缺陷尺寸（深度或高度）。

二、板对接焊缝外观检测评分标准(表 C-2)

表 C-2 板对接焊缝外观检测评分标准

缺陷名称及考核项目	允许程度	分值	得分标准
表面裂纹	不允许	5	无裂纹:5分 有裂纹:0分
表面单个气孔(正/背)	气孔直径 $d≤0.3s$,且最大为3mm	2	无缺陷:2分 1个气孔:1分 1个气孔以上或气孔直径超过标准尺寸:0分
弧坑未焊满	$h≤0.2s$,且最大为2mm	5	饱满平整:5分 未填满(低于允许程度):0分
未熔合	不允许	10	无未熔合:10分 有未熔合:0分
咬边	$h≤0.5mm$	8	总长≤5mm:8分 总长≤10mm:4分 总长>10mm或超过允许程度:0分
焊缝余高(正/背)	$h≤1mm±0.25b$,且最大为5mm	6	$h≤1mm$:6分 $h≤3mm$:4分 $h≤5mm$:2分 $h>5mm$:0分
焊缝高低差	≤2mm	5	高低差≤1mm:5分 高低差≤2mm:3分 高低差>2mm:0分
表面成形	—	5	成形好(光滑):5分 成形一般:3分 成形差:0分
夹渣	$h≤0.4s$,且最大为4mm	8	无夹渣:8分 缺陷总长≤10mm:3分 缺陷总长>10mm或超过允许程度:0分
焊瘤	$h≤0.2b$	5	无焊瘤:5分 焊瘤总长≤10mm:3分 焊瘤总长>10mm或超过允许程度:0分
焊穿	不允许	8	无焊穿:8分 有焊穿:0分
角变形	$θ≤3°$	5	$0°≤θ<1°$:5分 $1°≤θ<3°$:2分 $θ>3°$:0分
错边	$h≤0.25t$,且最大为5mm	5	无错边:5分 错边量≤1mm:3分 错边量>1mm:1分 超过允许值:0分
未焊透	$h≤0.2t$,且最大为2mm	8	无缺陷:8分 缺陷总长≤5mm:5分 缺陷总长≤10mm:2分 缺陷总长>10mm或超过允许程度:0分

(续)

缺陷名称及考核项目	允许程度	分值	得分标准
焊缝单侧增宽	单侧增≤2.5mm	5	单侧增≤1.5mm：5分 单侧增≤2.5mm：3分 单侧增>2.5mm：0分
安全文明	得分：10分	10	焊后清理焊渣、着装、场地清理等，严重违反安全规则，考核成绩记0分
考试用时	考试用时超时	—	每超1min从总分中扣2分
合计	—	100	—

注：1. 60分为合格，100分为满分。
2. 凡有以下情况视作不合格：①焊缝原始表面破坏；②操作时任意更改试件焊接位置；③焊接时间超出规定15min；④违规操作。
3. s—熔深；b—焊缝理论宽度；t—板厚；h—缺陷尺寸（深度或高度）。

三、管对接焊缝外观检测评分标准（表C-3）

表C-3 管对接焊缝外观检测评分标准

缺陷名称及考核项目	允许程度	分值	得分标准
裂纹	不允许	8	无裂纹：8分 有裂纹：0分
表面单个气孔	气孔直径$d≤0.3s$，且最大为3mm	4	无缺陷：4分 1个气孔：2分 1个气孔以上或气孔直径超过标准尺寸：0分
未熔合	不允许	12	无未熔合：12分 有未熔合：0分
未焊透	$h≤0.2t$，且最大为2mm	10	无缺陷：10分 缺陷总长≤5mm：6分 缺陷总长≤10mm：3分 缺陷总长>10mm或超过允许程度：0分
咬边	$h≤0.5$mm	10	缺陷总长≤5mm：10分 缺陷总长≤10mm：5分 缺陷总长>10mm或深度超过允许值：0分
焊缝余高（正/背）	$h≤1$mm$+0.25b$，且最大为5mm	5	$h≤1$mm：5分 $h≤3$mm：3分 $h≤5$mm：2分 $h>5$mm：0分
焊缝高低差	≤2mm	4	高低差≤1mm：4分 高低差≤2mm：2分 高低差>2mm：0分
表面成形	—	4	成形好（光滑）：4分 成形一般：2分 成形差：0分

（续）

缺陷名称及考核项目	允许程度	分值	得分标准
夹渣	$h \leq 0.4s$，且最大为4mm	8	无夹渣：8分 缺陷总长≤10mm：3分 缺陷总长>10mm或超过允许程度：0分
焊穿	不允许	10	无焊穿：10分 有焊穿：0分
焊缝单侧增宽	单侧增≤2.5mm	5	单侧增≤1.5mm：5分 单侧增≤2.5mm：3分 单侧增>2.5mm：0分
通球0.85Di	得分：10分	10	通过：10分 未通过：0分
安全文明	得分：10分	10	焊后清理焊渣、着装、场地清理等，严重违反安全规则，考核成绩记0分
考试用时	考试用时超时	—	每超1min从总分中扣2分
合计	—	100	

注：1. 60分为合格，100分为满分。
2. 凡有以下情况视作不合格：①焊缝原始表面破坏；②操作时任意更改试件焊接位置；③焊接时间超出规定15min；④违规操作。
3. s—熔深；b—焊缝理论宽度；t—管壁厚；h—缺陷尺寸（深度或高度）；通球直径为管内径的85%。

四、骑座式管板焊缝外观检测评分标准（表C-4）

表C-4　骑座式管板焊缝外观检测评分标准

缺陷名称及考核项目	允许程度	分值	得分标准
裂纹	不允许	8	无裂纹：8分 有裂纹：0分
表面单个气孔	气孔直径$d \leq 0.3s$，且最大为3mm	4	无缺陷：4分 1个气孔：2分 1个气孔以上或气孔直径超过标准尺寸：0分
未熔合	不允许	12	无未熔合：12分 有未熔合：0分
未焊透	$h \leq 0.2t$，且最大为2mm	10	无缺陷：10分 缺陷总长≤5mm：6分 缺陷总长≤10mm：3分 缺陷总长>10mm或超过允许程度：0分
咬边	$h \leq 0.5$mm	10	缺陷总长≤5mm：10分 缺陷总长≤10mm：5分 缺陷总长>10mm或深度超过允许值：0分
焊缝高低差	≤2mm	5	高低差≤1mm：5分 高低差≤2mm：3分 高低差>2mm：0分

（续）

缺陷名称及考核项目	允许程度	分值	得分标准
表面成形	—	5	成形好（光滑）：5 分 成形一般：3 分 成形差：0 分
焊缝凸度	$h \leqslant 1mm+0.25a$，且最大为 5mm	8	$h \leqslant 2mm$：8 分 $h \leqslant 3mm$：6 分 $h \leqslant 5mm$：4 分 $h > 5mm$：0 分
夹渣	$h \leqslant 0.4s$，且最大为 4mm	8	无夹渣：8 分 缺陷总长 $\leqslant 10mm$：3 分 缺陷总长 $> 10mm$ 或超过允许程度：0 分
角焊缝不对称	$h \leqslant 0.2z$，且最大为 2mm	5	在允许程度范围内：5 分 超过允许程度：0 分
角焊缝厚度不足	$h \leqslant 0.3mm+0.1a$，且最大为 2mm	5	$h \leqslant 1mm$：5 分 $h \leqslant 2mm$：2 分 超过允许程度：0 分
通球 0.85Di	得分：10 分	10	通过：10 分 未通过：0 分
安全文明	得分：10 分	10	焊后清理焊渣、着装、场地清理等，严重违反安全规则，考核成绩记 0 分
考试用时	考试用时超时		每超 1min 从总分中扣 2 分
合计	—	100	—

注：1. 60 分为合格，100 分为满分。
2. 凡有以下情况视作不合格：①焊缝原始表面破坏；②操作时任意更改试件焊接位置；③焊接时间超出规定 15min；④违规操作。
3. s—熔深；b—焊缝理论宽度；t—管壁厚；z—焊脚尺寸；h—缺陷尺寸（深度或高度）；通球直径为管内径的 85%。

附录 D 工件外观质量检查记录卡

一、角焊缝工件外观质量检查记录卡（表 D-1）

表 D-1 角焊缝工件外观质量检查记录卡

焊接工件名称	工件编号	材质	操作者姓名	日期

考核项目	配分	自检评分	互检评分	专检评分	备注
裂纹	10				
表面单个气孔	2				
弧坑未填满	10				
未熔合	15				
咬边	10				
焊缝凸度	5				
焊缝高低差	3				
表面成形	10				
夹渣	10				
角变形	5				
角焊缝不对称	5				
角焊缝厚度不足	5				
安全文明	10				
合计	100				

二、板对接焊缝工件外观质量检查记录卡（表 D-2）

表 D-2　板对接焊缝工件外观质量检查记录卡

焊接工件名称	工件编号	材质	操作者姓名	日期

考核项目	配分	自检评分	互检评分	专检评分	备注
表面裂纹	5				
表面单个气孔（正/背）	2				
弧坑未焊满	5				
未熔合	10				
咬边	8				
焊缝余高（正/背）	6				
焊缝高低差	5				
表面成形	5				
夹渣	8				
焊瘤	5				
焊穿	8				
角变形	5				
错边	5				
未焊透	8				
焊缝单侧增宽	5				
安全文明	10				
合计	100				

三、管对接焊缝工件外观质量检查记录卡（表 D-3）

表 D-3　管对接焊缝工件外观质量检查记录卡

焊接工件名称		工件编号		材质		操作者姓名		日期	
考核项目	配分	自检评分		互检评分		专检评分		备注	
裂纹	8								
表面单个气孔	4								
未熔合	12								
未焊透	10								
咬边	10								
焊缝余高（正/背）	5								
焊缝高低差	4								
表面成形	4								
夹渣	8								
焊穿	10								
焊缝单侧增宽	5								
通球 0.85Di	10								
安全文明	10								
合计	100								

四、骑座式管板焊缝工件外观质量检查记录卡（表 D-4）

表 D-4　骑座式管板焊缝工件外观质量检查记录卡

焊接工件名称	工件编号	材质	操作者姓名	日期

考核项目	配分	自检评分	互检评分	专检评分	备注
裂纹	8				
表面单个气孔	4				
未熔合	12				
未焊透	10				
咬边	10				
焊缝高低差	5				
表面成形	5				
焊缝凸度	8				
夹渣	8				
角焊缝不对称	5				
角焊缝厚度不足	5				
通球 0.85Di	10				
安全文明	10				
合计	100				

胸怀大志、脚踏实地

(代后记)

经历过许多日夜，终于完成了本书的编写。

掩卷沉思，我又一次想到了本书主审高凤林。

2007年11月的一天，我到北京出差时，约见高凤林交流切磋业务。在我们彻夜长谈时，他不经意打开电脑给我介绍一个他的技术成果，他设计制作的PPT让我情不自禁赞叹道：漂亮大气！

PPT的每一页左上角都飘扬着五星红旗。

跃然于外的一个PPT模板的设计，反映出的却是他对祖国与人民的拳拳赤子心与眷眷报效志！

胸怀大志者，心无旁骛、勇往直前；淡泊名利者，行端思深、无私大气；脚踏实地者，求真出新、成就卓越。

2009年初，我与高凤林交流传统文化对育人的作用时，他说："我正在组织我的班组学习《论语》。"我问他那是为什么？他回答："半部《论语》能治天下，我用其皮毛总可以治班组吧。"

进而我们又谈到道家哲学。

我问："道家认为'道生一，一生二，二生三，三生万物'，在您的班组管理中如何应用？"

他回答："我们的'道'就是为中国航天事业的发展做出自己的贡献，由此制定出班组的奋斗目标，这是'生一'；为实现这个目标制定出大家的具体任务和管理程序与制度，这是'生二'；为完成这些任务，大家努力去创造性地工作，这是'生三'；当大家都在创造性地工作了，就必能攻克许多技术难关，取得更多的成果，此为'生万物'……"

我为之感叹！这才是真正的高素质、高技能人才！他把技能、技术上升到了文化和精神的高度，所以他能取得那么大的成就。他是工人，但在我的心中，他堪称"大师"！

十多年来，我一直在思考一个问题：焊接技能训练需要花费大量的钢材、焊接材料、电能和时间，也就是说，这是一个高成本的训练项目。那么，有没有"多、快、好、省"的训练途径和方法呢？

手捆砖头用毛笔画直线以成就臂力、学习太极以练蹲功和腿劲、我们与某公司合作开发焊接操作模拟机以降低入门训练的资源成本、请名师指点少走弯路以减少时间成本……这些对学习技术一定有用。

但我最终感悟到的是：比学会做事更为重要的是学会做人，比劳其筋骨更重要的是开启心智，比改进教学方法和手段更为重要的是激发学生内在的动力！这既有利于当前训练的"多、快、好、省"，更着眼于学生长远的"持续发展"。

子曰："知之者不如好之者，好之者不如乐之者。"从本书"榜样的故事"中，我们不难看到，高技能人才楷模和技术能手们之所以能成就卓越，是因为他们不仅胸怀理想和信念，而且还能将理想和信念化为孜孜不倦的学习、思考和实践。

真正的高技能人才，一定是胸怀大志、思想先行、努力践行、知行合一的探索者。

本书虽力求从多角度探索焊接高技能人才培养的方法，但才力所限，瑕疵必存，望诸君斧正。

路漫漫其修远兮，吾将上下而求索。

——胸怀大志、脚踏实地。

杨跃

2009年7月

参 考 文 献

[1] 徐继达. 金属焊接与切割作业 [M]. 北京：气象出版社，2007.
[2] 钟诚. 金属焊接工 [M]. 北京：煤炭工业出版社，2006.
[3] 全国安全生产教育培训教材编审委员会. 熔化焊接与热切割作业 [M]. 北京：中国矿业大学出版社，2018.
[4] 雷世明. 焊接方法与设备 [M].3 版. 北京：机械工业出版社，2017.
[5] 沈惠塘. 焊接技术与高招 [M]. 北京：机械工业出版社，2004.
[6] 弗兰克 M. 马洛. 焊接制造与维修问答 [M]. 李亚江，王娟，沈孝芹，等译. 北京：化学工业出版社，2005.
[7] 许志安. 焊接实训 [M].2 版. 北京：机械工业出版社，2016.
[8] 王新民. 焊接技能实训 [M]. 北京：机械工业出版社，2006.
[9] 陈倩清. 焊接实训指导 [M]. 哈尔滨：哈尔滨工程大学出版社，2007.
[10] 吴国志. 实用焊接安全技术 [M]. 太原：山西人民出版社，2004.
[11] 俞灿明，黄祖源. 焊工（技师、高级技师）[M]. 杭州：浙江科学技术出版社，2008.
[12] 王大志. 焊接技术与焊接工艺问答 [M]. 北京：机械工业出版社，2007.
[13] 劳动和社会保障部. 中国高技能人才楷模事迹读本 [M]. 北京：中国劳动社会保障出版社，2006.
[14] 许小平，陈长江. 焊接实训指导 [M]. 武汉：武汉理工大学出版社，2003.
[15] 孙景荣. 实用焊工手册 [M].3 版. 北京：化学工业出版社，2008.
[16] 赵伟兴. 埋弧自动焊焊工培训教材 [M]. 哈尔滨：哈尔滨工程大学出版社，2006.
[17] 中国就业培训技术指导中心. 焊工（基础知识）[M].2 版. 北京：中国劳动社会保障出版社，2010.
[18] 人力资源和社会保障部教材办公室. 电焊工（初级 中级 高级）[M]. 北京：中国劳动社会保障出版社，2010.
[19] 侯勇. 焊条电弧焊 [M]. 北京：机械工业出版社，2018.
[20] 陈茂爱，张丽娜，等. 熔化极气体保护焊 [M]. 北京：化学工业出版社，2014.
[21] 姜泽东. 熔化极气体保护焊 [M]. 北京：机械工业出版社，2018.
[22] 吴叶军. 非熔化极气体保护焊 [M].2 版. 北京：机械工业出版社，2023.